中央企业 中国三峡

四川凉山州杜鹃属植物调查项目

四川凉山州杜鹃属植物

主编 张超 王飞

河南科学技术出版社

·郑州·

图书在版编目（CIP）数据

四川凉山州杜鹃属植物 / 张超，王飞主编 . — 郑州 : 河南科学技术出版社，2023.12
ISBN 978-7-5725-1399-2

Ⅰ . ①四… Ⅱ . ①张… ②王… Ⅲ . ①杜鹃属 – 凉山彝族自治州 Ⅳ . ① Q949.772.3

中国国家版本馆 CIP 数据核字 (2023) 第 240939 号

出版发行：河南科学技术出版社
　　　　地址 : 郑州市郑东新区祥盛街 27 号　邮编 : 450016
　　　　电话 : (0371) 65737028　65788613
　　　　网址 : www.hnstp.cn
策划编辑：陈淑芹　陈　艳
责任编辑：陈　艳
责任校对：张萌萌
整体设计：张德琛
责任印制：徐海东
印　　刷：河南瑞之光印刷股份有限公司
经　　销：全国新华书店
开　　本：787 mm×1 092 mm　1/16　印张：11.5　字数：300 千字
版　　次：2023 年 12 月第 1 版　　2023 年 12 月第 1 次印刷
定　　价：198.00 元

《四川凉山州杜鹃属植物》编委会成员

主　　任　降　初
副 主 任　刘祖雄　张　兵　陈　宏　段泽普　郑元润　慕长龙　周宏亮
成　　员　谭　勇　龙茂林　郑景涛　吴贤顺　韩　鑫　汪于曦

《四川凉山州杜鹃属植物》编著单位

华西亚高山植物园
四川省林业科学研究院
大熊猫国家公园都江堰管护总站
四川省扶贫基金会

《四川凉山州杜鹃属植物》编写组成员

主　　编　张　超　王　飞
副 主 编　马文宝　朱大海　郑景涛　胡定林　黄永强
编写人员　张　超　王　飞　马文宝　朱大海　姬慧娟　胡定林
　　　　　黄永强　邵慧敏　李彦慈　李　烨　李　欣　李　杨
　　　　　林　彬　李建书　张　晴　孙志东　巫登峰　欧亚非
调查人员
　　　　　华西亚高山植物园　张　超　王　飞　邵慧敏　李建书
　　　　　　　　　　　　　　李　烨　李　杨　林　彬
　　　　　四川省林业科学研究院　马文宝　姬慧娟　汪万江　钟　毅
　　　　　大熊猫国家公园都江堰管护总站　朱大海　罗艳刚　何　东
　　　　　凉山彝族自治州林业草原科学研究院　孙志东　巫登峰
　　　　　会东县　彭家兴　徐　飞　陈　晶　黄　健　王远萍　韩顺聪
　　　　　会理市　刘思琪　文　利
　　　　　甘洛县　阿支布洛　祝丰娇　鲁弘清
　　　　　雷波县　潘仲坤　刘洪成　杨黑石　杨与泽　刘金波
　　　　　越西县　蒋大志　吉叶志刚　刘　叶
　　　　　金阳县百草坡自然保护中心　伍洛拉支　苦施格　尔古日两
　　　　　　　　　　　　　　　　　　尔古呷呷　周元华
　　　　　凉山州林业调查规划设计院　李　欣
摄　　影　王　飞　张　超　马文宝　朱大海
照片整理　王　飞　李彦慈　姬慧娟

前言
Introduction

　　凉山彝族自治州（凉山州）是中国最大的彝族聚居区，辖区面积 6 万余 km²，全州辖 2 市 15 县。凉山州位于四川省西南部，与云南省隔金沙江相望，境内有汉、彝、藏、蒙古、纳西等 10 多个世居民族。

　　凉山州各类生物资源 6 000 余种，其中，植物种类 4 000 余种，动物种类 1 200 余种。森林面积 3 000 余万亩，约占四川省的 30%。自然景观资源丰富，有代表性的景区、景点 160 多个，有泸沽湖、邛海螺髻山 2 个国家级风景名胜区；有马湖、彝海、龙肘山-仙人湖 3 个省级风景名胜区；有美姑大风顶国家级自然保护区及冕宁冶勒等省级自然保护区；有青幽的泸山、神奇的土林、大自然的奇观公母山等丰富的自然景观。

　　凉山州杜鹃属（Rhododendron）植物种类丰富，是四川省乃至全国杜鹃属植物主要的分布区之一。据《中国植物志》记载，四川省分布的杜鹃属植物有 230 余种（含种下等级），相关的历史资料显示，凉山州杜鹃属杜鹃种类约占四川省杜鹃花种类的 1/3。为了进一步查明凉山州杜鹃花种质资源，受中国三峡集团公司和四川省扶贫基金会委托，华西亚高山植物园从 2020 年 5 月开始，会同四川省林业科学研究院和大熊猫国家公园都江堰管护总站对凉山州杜鹃属植物种类进行调查，历时 3 年多，完成了全州杜鹃属植物主要分布区的调查。

　　本次调查凉山州野生杜鹃属植物共 83 种（含 5 变种，5 亚种），分属 4 个亚属 7 个组 19 个亚组；其中，野外实地调查到的有 75 种（含 3 变种，5 亚种）；占四川省杜鹃属植物的近 1/3。其中西昌、会理、美姑、雷波、金阳、普格、木里、布拖等县（市）的种类最为丰富。此外还调查了全州各类相关从事杜鹃属研发机构引种保存的杜鹃属植物 58 种，为研究凉山州杜鹃属植物提供了重要参考！

　　调查期间，我们得到了凉山州林业和草原局、各县（市）林业和草原局及金阳县百草坡自然保护中心等单位的大力支持，同时得到了中国科学院植物研究所郑元润博士和耿玉英教授的业务指导，在此一并表示感谢！

　　3 年多来，调查组克服了诸多困难，总行程约 2 万 km，行程涉及全州 17 个县（市），力争取得翔实的调查数据。即便如此，由于我们的业务水平有限，调查区域可能有遗漏，所以本次调查成果如存在不足之处，敬请业内专家和读者多提宝贵的批评意见！

编　者

2023 年 5 月

目　录
Contents

杜鹃花科 Ericaceae Jussieu

木本植物，灌木或乔木，体形小至大；地生或附生；通常常绿，少有半常绿或落叶；有具芽鳞的冬芽（主产非洲的欧石南亚科除外）。叶革质，少有纸质，互生，极少假轮生，稀交互对生，全缘或有锯齿，不分裂，被各式毛或鳞片，或无覆被物；不具托叶。花单生或组成总状、圆锥状或伞形总状花序，顶生或腋生，两性，辐射对称或略两侧对称；具苞片；花萼 4~5 裂，宿存，有时花后肉质；花瓣合生成钟状、坛状、漏斗状或高脚碟状，稀离生，花冠通常 5 裂，稀 4、6、8 裂，裂片覆瓦状排列；雄蕊为花冠裂片的 2 倍，少有同数，稀更多，花丝分离，稀略黏合，除杜鹃花亚科外，花药背部或顶部通常有芒状或矩状附属物，或顶部具伸长的管，顶孔开裂，稀纵裂；除吊钟花属 Enkianthus 为单分体外，花粉粒为四分体；花盘盘状，具厚圆齿；子房上位或下位，(2~)5(~12) 室，稀更多，每室有胚珠多数，稀 1 枚；花柱和柱头单一。蒴果或浆果，少有浆果状蒴果；种子小，粒状或锯屑状，无翅或有狭翅，或两端具伸长的尾状附属物；胚圆柱形，胚乳丰富。

杜鹃花科约 103 属 3 350 种（D. J. Mabberley，1996.），全世界分布，除沙漠地区外，广布于南半球、北半球的温带及北半球亚寒带，少数属、种环北极或北极分布，也分布于热带高山，大洋洲种类极少。我国有 15 属，约 757 种，分布于全国各地，主产地在西南部山区，尤以四川、云南、西藏三省区相邻地区为盛，这里也是杜鹃属 Rhododendron、树萝卜属 Agapetes 的多样化中心，且极富特有类群。

杜鹃属 *Rhododendron* Linnaeus

灌木或乔木，有时矮小呈垫状，地生或附生；植株无毛或被各式毛被或被鳞片。叶常绿或落叶、半落叶，互生，全缘，稀有不明显的小齿。花芽被多数形态大小有变异的芽鳞。花显著，形小至大，通常排列成伞形总状或短总状花序，稀单花，通常顶生，少有腋生；花萼 5(~6~8) 裂或环状无明显裂片，宿存；花冠漏斗状、钟状、管状或高脚碟状，整齐或略两侧对称，5(~6~8) 裂，裂片在芽内覆瓦状；雄蕊 5~10 枚，通常 10 枚，稀 15~20(~27) 枚，着生花冠基部，花药无附属物，顶孔开裂或为略微偏斜的孔裂；花盘多少增厚而显著，5~10(~14) 裂；子房通常 5 室，少有 6~20 室，花柱细长劲直或粗短而呈弯弓状，宿存。蒴果自顶部向下室间开裂，果瓣木质，少有质薄者开裂后果瓣多少扭曲。种子多数，细小，纺锤形，具膜质薄翅，或种子两端有明显或不明显的鳍状翅，或无翅但两端具狭长或尾状附属物。

杜鹃属约 1 000 种，广泛分布于欧洲、亚洲、北美洲，主产东亚和东南亚，形成本属的两个分布中心，2 种分布至北极地区，1 种产大洋洲，非洲和南美洲不产。我国 571 种（不包括种下等级），除新疆、宁夏外，各地均有，但集中产于西南、华南。

杜鹃属 *Rhododendron* 是由瑞典著名自然科学家林耐（Car von Linne）在 1753 年建立的，当时仅有 9 种。历经 270 年的研究，目前该属已拥有近千种，是杜鹃花科中最大的属，也是中国和喜马拉雅植物区系中的大属之一，同时也是被子植物的最大属之一。由于杜鹃属植物种类繁多，形态差异大且很多形态不稳定，加之在自然界杂交现象普遍，造成杜鹃属的分类一直存在较大争议。本书采用 8 亚属系统，接受 Chamberlain（1996）和耿玉英（2014）的修订。

分亚属检索表

1. 植株被鳞片，有时被毛 ·· 杜鹃亚属 *Rhododendron*
1. 植株无鳞片，被各式毛被，或无毛。
  2. 花序腋生 ··· 长蕊杜鹃亚属 Subg. *Choniastrum*
  2. 花序顶生。
    3. 花和新叶枝出自同一顶芽 ····························· 映山红亚属 Subg. *Tsutsusi*
    3. 花和新叶枝出自不同顶芽 ····················· 常绿杜鹃亚属 Subg. *Hymenanthes*

杜鹃花形态图例

一、杜鹃花解剖示意图

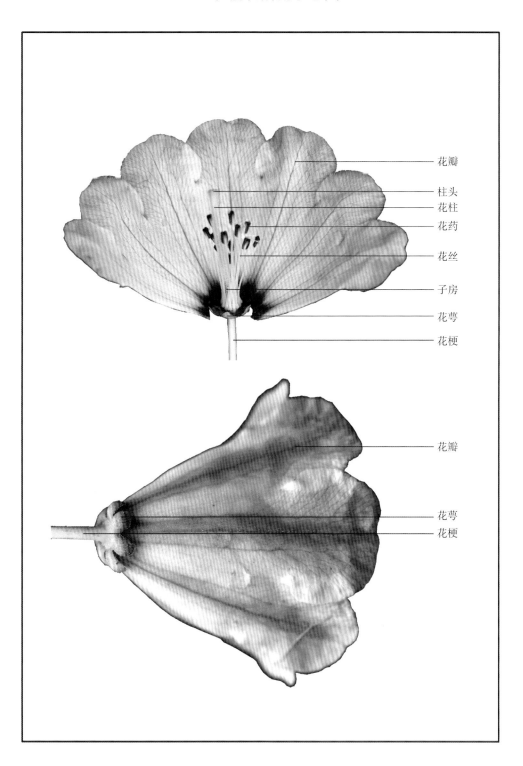

二、毛被类型

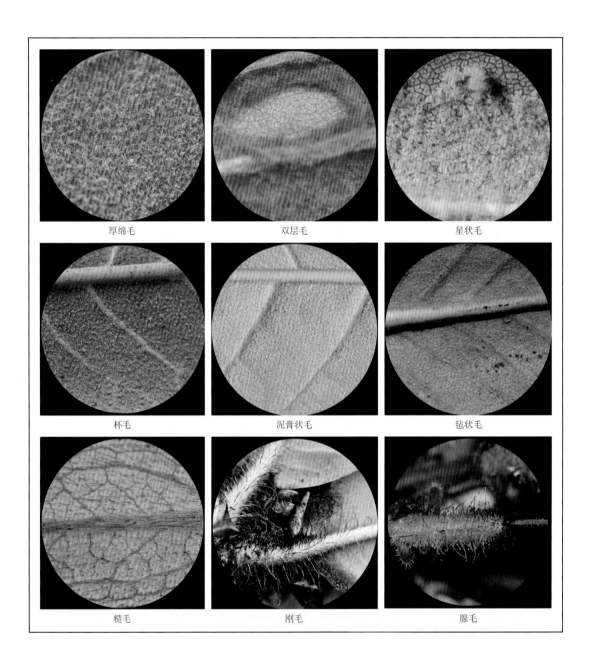

厚绵毛 双层毛 星状毛

杯毛 泥膏状毛 毡状毛

糙毛 刚毛 腺毛

三、鳞片类型

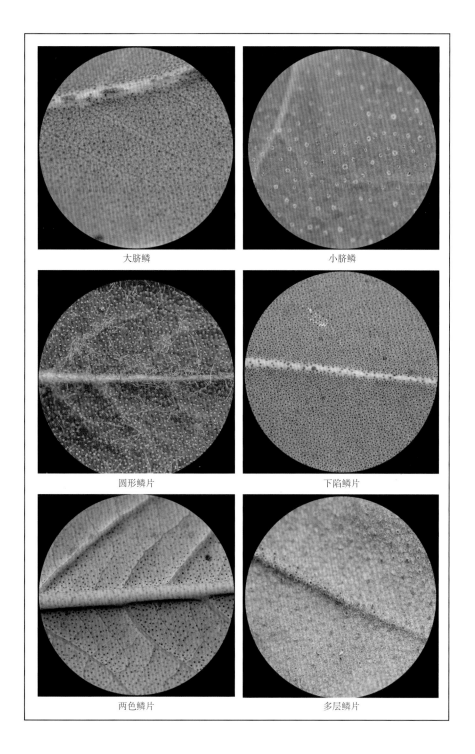

大脐鳞

小脐鳞

圆形鳞片

下陷鳞片

两色鳞片

多层鳞片

四、花冠类型

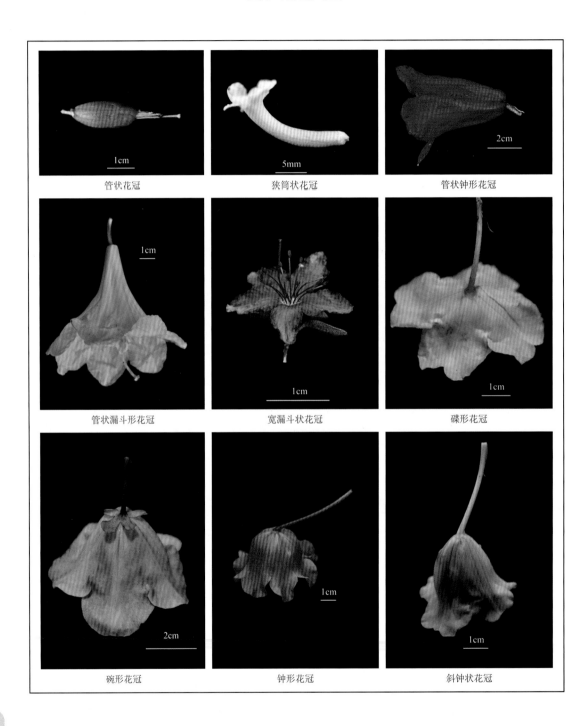

管状花冠   狭筒状花冠   管状钟形花冠

管状漏斗形花冠   宽漏斗状花冠   碟形花冠

碗形花冠   钟形花冠   斜钟状花冠

亚属 1. 常绿杜鹃亚属 Subg. *Hymenanthes* (Blume) K. Koch

常绿灌木至乔木，稀为匍匐状小灌木。叶革质，较大，常椭圆形至宽披针形或近圆形，无毛至下面具各式毛被，稀具腺体或上面有蜡质，无鳞片。顶生总状伞形花序，常多花，稀仅有 1~2 朵花；花萼小，环状，稀增大发育成杯状，绿色或红色，5（~6~8）裂；花冠较大，钟状、管状、漏斗状、稀杯状或碟状，粉红色、白色、红色至紫红色，稀黄色，基部有深色的蜜腺囊或否，5 裂，稀 6~8 裂；雄蕊常为花冠裂片的 2 倍，通常 10 枚，稀 12~20 枚，不等长；子房常圆柱形或卵圆形，无毛或具稀或密的各式毛被，稀具腺体，5~18 室；花柱细长，常无毛或通顶被毛或腺体。蒴果圆柱形，直或弯曲，被毛或否，成熟后室间开裂；种子多数，周边常具膜质薄翅。

本亚属仅有 1 组，凉山州有 11 亚组。

分亚组检索表

1. 幼枝、叶柄通常被刚毛或腺头刚毛。
  2. 花冠钟状至漏斗状钟形，基部无蜜腺囊。
    3. 叶尖端急尖，叶片下面有具柄腺体，糙伏毛至密绵毛 ································· 6. 黏毛杜鹃亚组 Subsect. *Glischra*
    3. 叶尖端圆形，短尖或有尖头，叶片下面常无毛 ································· 5. 漏斗杜鹃亚组 Subsect. *Selensia*
  2. 花冠管状钟形，基部有蜜腺囊。
    4. 叶片下面常具早落的星状毛；花柱有腺体或星状毛 ································· 11. 星毛杜鹃亚组 Subsect. *Parishia*
    4. 叶片下面常具粗伏毛、绒毛状丛卷毛；花柱常光滑 ································· 4. 麻花杜鹃亚组 Subsect. *Maculifera*
1. 幼枝具绒毛或无毛，稀具有柄腺体，无刚毛。
  5. 成熟叶片下具明显毛被，通常较厚。
    6. 成熟叶片下面具杯状毛 ································· 2. 杯毛杜鹃亚组 Subsect. *Falconera*
    6. 成熟叶片下面具绒毛、毡毛或厚绵毛。
      7. 叶背毛被薄毡毛状或泥膏状紧贴，毛被颜色较浅，通常银灰色 ································· 8. 银叶杜鹃亚组 Subsect. *Argyrophylla*
      7. 叶背通常密被厚绵毛，毛被颜色深，常褐色、黄褐色至红褐色 ································· 10. 大理杜鹃亚组 Subsect. *Taliensia*
  5. 幼枝、叶片背面通常无毛或具腺体。
    8. 花冠无蜜腺囊。
      9. 花冠 7~8 裂；蒴果粗壮，不呈弯弓状 ·········1. 云锦杜鹃亚组 Subsect. *Fortunea*
      9. 花冠 5 裂；蒴果细长，呈弯弓状 ·········3. 弯果杜鹃亚组 Subsect. *Campylocarpa*

8. 花冠具蜜腺囊。

  10. 叶片两面通常无毛，下面稀具薄毛被，花序疏松 ·· 7. 露珠杜鹃亚组 Subsect. *Irrorata*

  10. 叶片下面密被海绵状至紧贴毛被，花序紧密 ·· 9. 树形杜鹃亚组 Subsect. *Arborea*

亚组 1. 云锦杜鹃亚组 Subsect. *Fortunea* (Tagg) Sleumer

  灌木或乔木，树皮粗糙；幼枝无毛或被白色至灰色的薄绒毛，不久变为无毛。叶倒披针形、椭圆形、长圆形、卵形或倒卵形至圆形，上面成长后无毛，下面中脉上多少被丛卷毛。花序疏松，有花 5~30 朵；花冠漏斗状钟形、钟形至宽钟形，内面基部通常无蜜腺囊，裂片 5~7（~8）片；雄蕊（10~）16（~22）枚；子房被腺体或有柄腺体，稀无毛；花柱无毛或通体被腺体或具有柄腺体。

  本亚组有 26 种，5 亚种，9 变种；凉山州有 8 种，1 亚种，1 变种。

分种检索表

1. 花萼大，长 3.5~5mm ·· 凉山杜鹃 *R. huanum*
1. 花萼小，通常不发育，长度小于 3mm。
 2. 叶片阔卵形至圆形，基部心状耳形，耳片常重盖 ·· 团叶杜鹃 *R. orbiculare*
 2. 叶片长圆状卵形、椭圆形、披针形。
  3. 柱头大，盘状，宽 5~6.5mm。
   4. 叶片长 11~30cm，宽 4~7.8cm ·· 美容杜鹃 *R. calophytum*
   4. 叶片长 6~20cm，宽 2~4.5cm ·· 尖叶美容杜鹃 *R. calophytum* var. *openshawianum*
  3. 柱头小，头状，宽度通常小于 3mm。
   5. 子房光滑无毛 ·· 山光杜鹃 *R. oreodoxa*
   5. 子房密具有柄腺体。
    6. 叶片长圆状椭圆形至长圆状披针形，长 9.5~18cm，花期 7~8 月 ·· 喇叭杜鹃 *R. discolor*
    6. 叶片长圆状卵形至卵状倒披针形，长度小于 14cm，花期 4~6 月。
     7. 子房及花柱密被红色短柄腺体 ·· 亮叶杜鹃 *R. vernicosum*
     7. 子房及花柱腺体颜色不为红色。
      8. 花冠阔钟形，玫瑰红色或紫红色 ·· 腺果杜鹃 *R. davidii*
      8. 花冠宽漏斗状，粉红色或白色。
       9. 柱头小，直径通常小于 2mm ·· 小头大白杜鹃 *R. decorum* subsp. *parvistigmaticum*
       9. 柱头较大，直径 2~5mm ·· 大白杜鹃 *R. decorum*

云锦杜鹃亚组 Subsect. *Fortunea* (Tagg) Sleumer

美容杜鹃

Rhododendron calophytum Franch.

主要形态特征：常绿灌木或小乔木，高可达12m；幼枝粗壮，冬芽阔卵圆形。叶厚革质，长圆状披针形，长 11~30cm，宽 4~7.8cm，先端急尖或锐尖，基部渐狭成楔形，边缘微反卷，上面无毛，下面幼时有白色绒毛；叶柄粗壮，长 2~2.5cm，无毛。顶生短总状伞形花序，有花 15~30 朵；花梗粗壮，长 3~6.5cm，无毛；花萼小，长 1.5mm，无毛，裂片 5 片，宽三角形；花冠阔钟形，长 4~5cm，直径 4~5.8cm，红色或粉红色至白色，基部略膨大，内面基部上方有 1 枚紫红色斑块，裂片5~7 片，小整齐，有明显的缺刻；雄蕊 15~22 枚，子房圆屋顶形，长 6mm，无毛，花柱粗壮，长约 3cm，无毛，柱头盘状，宽约 6.5mm。蒴果斜生果梗上，长圆柱形。

生境：生于海拔 1 300~4 000m 的森林中或针叶林下。

花期：4~5 月。

分布：产陕西南部，甘肃东南部，湖北西部，四川东南部、西部及北部，贵州中部及北部，云南东北部；凉山州主要分布于雷波、甘洛、冕宁、美姑。模式标本采自四川宝兴。

云锦杜鹃亚组 Subsect. *Fortunea* (Tagg) Sleumer

尖叶美容杜鹃

***Rhododendron calophytum* var. *openshawianum* (Rehd. et Wils.) Chamb. ex Cullen et Chamb.**

主要形态特征：本变种与原种的区别在于叶较小而狭窄，先端尾状渐尖；顶生总状伞形花序仅有花6~12朵。

生境：生于海拔 1 400~2 800m 的岩边或森林中。

花期：4 5 月。

分布：产四川西部和西南部，云南东北部；凉山州主要分布于雷波、甘洛、冕宁。模式标本采自四川荥经瓦屋山。

云锦杜鹃亚组 Subsect. *Fortunea* (Tagg) Sleumer

大白杜鹃

Rhododendron decorum Franch.

主要形态特征：常绿灌木或小乔木，高 1~3m，稀达 6~7m；幼枝绿色，无毛，老枝褐色。叶厚革质，长 5~14.5cm，宽 3~5.5cm，边缘反卷，上面暗绿色，下面白绿色，无毛；叶柄圆柱形，长 1.7~2.3cm，无毛。顶生总状伞房花序，有花 8~10 朵，有香味；总轴长 2~2.5cm，有稀疏的白色腺体；花梗粗壮，长 2.5~3.5cm，具白色有柄腺体；花萼小，浅碟形，裂齿 5 枚，不整齐；花冠宽漏斗状钟形，变化大，长 3~5cm，直径 5~7cm，淡红色至白色，内面基部有白色微柔毛，外面有稀少的白色腺体，裂片 7~8 片，近圆形，顶端有缺刻；雄蕊 13~16(~17) 枚，花丝基部有白色微柔毛；子房长圆柱形，密被白色有柄腺体；花柱通体有白色短柄腺体，柱头头状，黄绿色，宽约 5mm。蒴果长圆柱形，长 2.5~4cm，微弯曲，肋纹明显，有腺体残迹。

生境：生于海拔 2 700~3 900m 的高山地带。

花期：4~6 月。

分布：产四川西部至西南部，贵州西部，云南西北部和西藏东南部。缅甸东北部也有分布。本种也广布于凉山州各县（市）。模式标本采自四川宝兴。

云锦杜鹃亚组 Subsect. *Fortunea* (Tagg) Sleumer

小头大白杜鹃

Rhododendron decorum subsp. *parvistigmaticum*
W. K. Hu

主要形态特征：本亚种与原亚种的区别在于花冠裂片无缺刻；柱头小，宽仅 2mm；叶片先端钝有小尖头，或短渐尖；花梗长 2.5~4cm。

生境：生于海拔 2 100m 的林下。

花期：4~6月。

分布：产四川西南部；凉山州主要分布于雷波、美姑。模式标本采自四川雷波。

亚属 1 常绿杜鹃亚属
Subg. *Hymenanthes* (Blume) K. Koch

云锦杜鹃亚组 Subsect. *Fortunea* (Tagg) Sleumer

山光杜鹃

Rhododendron oreodoxa Franch.

主要形态特征： 常绿灌木或小乔木，高 1~8
（~12）m；幼枝被白色至灰色绒毛，不久脱
净。叶革质，常 5~6 枚生于枝端，狭椭圆形，长
4.5~10cm，宽 2~3.5cm，先端钝或圆形，两面无毛；
叶柄幼时紫红色，有时具有柄腺体。顶生总状伞
形花序，有花 6~8（~12）朵；总轴长约 5mm，有
腺体及绒毛；花梗长 0.5~1.5cm，密或疏被短柄腺
体；花萼小，长 1 3mm，边缘具 6~7 枚宽卵形浅
齿，外面多少被有腺体；花冠钟形，长 3.5~4.5cm，
直径 3.8~5.2cm，淡红色，有或无紫色斑点，裂片
7~8 片；雄蕊 12~14 枚，基部无毛或略有白色微
柔毛；子房圆锥形，光滑无毛，花柱无毛，柱头小，
头状。蒴果微弯曲，有肋纹。

生境： 生于海拔 2 100~3 650m 的林下或杂木
林和箭竹灌丛中。

花期： 3~6 月。

分布： 产甘肃南部、湖北西部和四川西部至西北部；凉山州主要分布于金阳、美姑。
模式标本采自四川宝兴。

1cm

云锦杜鹃亚组 Subsect. *Fortunea* (Tagg) Sleumer

亮叶杜鹃

Rhododendron vernicosum Franch.

主要形态特征：常绿灌木或小乔木，高 1~5m；幼枝有时有少数腺体，后即秃净。叶革质，长圆状卵形至长圆状椭圆形，长 5~12.5cm，宽 2.3~4.8cm，两面无毛；叶柄圆柱形，长 1.5~3.5cm，无毛。顶生总状伞形花序，有花 6~10 朵；总轴长约 1cm，疏被腺体及白色小柔毛；花梗长 2~3cm，被红色短柄腺体；花萼小，裂片 7（~8）片，圆形至三角形，外面密被腺体，边缘腺体呈流苏状；花冠宽漏斗状钟形，有闷人气味，长 4~4.2cm，直径 5.2~6.4cm，淡红色至白色，裂片（5~6）~7 片；雄蕊（11~13）~14 枚，花丝无毛；子房圆锥形，密被红色腺体，花柱淡白色，密被紫红色短柄腺体。蒴果长圆柱形，斜生果梗上，肋纹明显，有残存的腺体痕迹。

生境：生于海拔 2 650~4 300m 的森林中。

花期：4~6 月。

分布：产四川西部至西南部，云南西部和西藏东南部。本种在凉山州分布相对较广，常见于金阳、美姑、雷波、木里。模式标本采自四川西部东俄洛。

云锦杜鹃亚组 Subsect. *Fortunea* (Tagg) Sleumer

团叶杜鹃

Rhododendron orbiculare Decne.

主要形态特征：常绿灌木，高 1~4.5m；幼枝绿色，无毛。顶生冬芽卵形至阔卵形，被稀疏的微柔毛。叶厚革质，常 3~5 枚在枝顶近于轮生，阔卵形至圆形，长 5.5~11.5cm，宽 5.5~10.5cm，基部心状耳形，耳片常互相叠盖，两面无毛；叶柄圆柱形，长 3~7cm，近于光滑或有少数腺体。顶生伞房花序疏松，有花 7~8 朵；花梗长 2.5~3.5cm，有稀疏短柄腺体及白色微柔毛；花萼小，长 1.5mm，基部略膨胀，边缘波状，有腺体，花冠钟形，长 3.2~3.5cm，宽 4.5~6cm，红蔷薇色，裂片 7 片，宽卵形，顶端有浅缺刻；雄蕊 14 枚，花丝无毛；子房柱状圆锥形，密被白色短柄腺体，花柱无毛，柱头小。蒴果圆柱形，弯曲，长 2.2~3cm，直径 5~6mm，绿色，有腺体残迹。

生境：生于海拔 1 400~3 500（~4 000）m 的岩石上或针叶林下。

花期：5~6 月。

分布：产四川西部和南部；本种在凉山州呈零星分布，主要见于美姑、冕宁。模式标本采于四川西部宝兴附近。

1cm

5mm

1cm

亚属1 常绿杜鹃亚属
Subg. *Hymenanthes* (Blume) K. Koch

云锦杜鹃亚组 **Subsect. *Fortunea* (Tagg) Sleumer**

喇叭杜鹃

***Rhododendron discolor* Franch.**

主要形态特征: 小乔木, 高 4~6m; 小枝绿色, 有明显近于圆形的叶痕。叶革质, 狭长圆形, 长 14~17.5cm, 宽 3~4.5cm, 基部不对称, 边缘微反卷, 上面绿色, 下面粉白色, 无毛; 叶柄长 1.6~2.1cm, 无毛。顶生短总状伞形花序, 有花 5~6 朵; 总轴长约 2cm; 花梗长 1.8~2cm, 均疏被腺体; 花萼小, 长 1.5~2mm, 外面有稀疏的腺体; 花冠漏斗状钟形, 长 9.5~10.5cm, 直径 7.5~8.5cm, 白色, 外面近基部有稀疏的腺体, 内面疏生白色微柔毛, 裂片 7 片, 顶端无缺刻; 雄蕊 15 枚, 花丝下部渐宽, 有白色微柔毛; 子房卵状圆锥形, 顶端截形, 密被短柄腺体, 花柱长 8.8cm, 全被短柄腺体, 柱头盘状, 宽 5mm。蒴果圆柱形, 弯曲, 长 3.5~5cm, 有腺体残迹。

生境: 生于海拔 1 400~1 800m 的山谷阔叶林中。

花期: 7 月。

分布: 产四川西北部; 凉山州主要零星分布于雷波、冕宁。模式标本采自四川城口。

云锦杜鹃亚组 Subsect. *Fortunea* (Tagg) Sleumer

凉山杜鹃

Rhododendron huanum Fang

主要形态特征：灌木或小乔木，高 2~4.5m；幼枝粗壮，无毛；老枝有明显的叶痕。叶革质，长圆状披针形，长 7~14mm，宽 1.8~3.5cm，先端突然渐尖，两面无毛；叶柄近圆柱形，近无毛。总状花序顶生，有花 10~13 朵；总轴长 3~3.5cm，近无毛；花梗长 3~4.2cm，无毛；花萼大，紫色，长 3.5~5mm（果时增长可达 10mm），裂片 7 片，三角形或阔卵形，边缘有或无短柄腺体；花冠钟形，长 3.5cm，直径 4.3cm，淡紫色或暗红色，无毛，裂片 6~7 片，顶端无缺刻；雄蕊 12~14 枚，花丝无毛；子房圆锥形，7 室，长 7mm，密被白色短柄腺体，花柱通体被白色短柄腺体。蒴果长圆柱形，微弯曲，花萼宿存，反折。

生境：生于海拔 1 300~2 700m 的林中。

花期：5~6 月。

分布：产四川西部和东南部，贵州东北部及云南东北部；凉山州仅见于雷波。模式标本采自四川马边。

亚属 1. 常绿杜鹃亚属
Subg. *Hymenanthes* (Blume) K. Koch

云锦杜鹃亚组 Subsect. *Fortunea* (Tagg) Sleumer

腺果杜鹃

***Rhododendron davidii* Franch.**

主要形态特征：常绿灌木或小乔木；幼枝绿色，无毛。叶厚革质，常集生枝顶，长圆状倒披针形，长 10~16cm，宽 2~4.5cm，先端急尖，多少呈喙状，基部楔形，边缘反卷，两面无毛；叶柄长 1.5~2cm，紫红色，无毛。顶生伸长的总状花序，有花 6~12 朵；总轴长 3~6cm，疏生短柄腺体及白色微柔毛；花梗红色，长约 1cm，密被短柄腺体；花萼小，外面具短柄腺体，裂片 6 片，齿状或宽圆形；花冠阔钟形，长 3.5~4.5cm，玫瑰红色或紫红色，裂片 7~8 片，上有紫色斑点；雄蕊 13~15 枚，花丝无毛；子房圆锥形，密被短柄腺体，花柱无毛或在基部有少数短柄腺体。蒴果短圆柱形，有肋纹及残存的腺体痕迹。

生境：生于海拔 1 750~2 360m 的森林中。

花期：3~5 月。

分布：产四川西部及云南东北部；凉山州见于雷波、美姑。模式标本采自四川宝兴。

亚组 2. 杯毛杜鹃亚组 Subsect. *Falconera* (Tagg) Sleumer

灌木或乔木，树皮粗糙；幼枝无毛或被白色至灰色的薄绒毛，不久变为无毛。叶倒披针形、椭圆形、长圆形、卵形或倒卵形至圆形，上面成长后无毛，下面中脉上多少被丛卷毛。花序疏松，有花 5~30 朵；花冠漏斗状钟形、钟形至宽钟形，内面基部通常无蜜腺囊，裂片 5~7（~8）片；雄蕊（10~）16（~22）枚；子房被腺体或有柄腺体，稀无毛，花柱无毛或通体被腺体或具有柄腺体。

本亚组共有 11 种 2 亚种，我国有 10 种 2 亚种，凉山州仅 1 种。

杯毛杜鹃亚组 Subsect. *Falconera* (Tagg) Sleumer

大王杜鹃

Rhododendron rex Lévl.

主要形态特征：常绿小乔木，小枝粗壮，幼枝有灰白色绒毛，后变无毛，多年生者粗糙。叶革质，大型，倒卵状椭圆形至倒卵状披针形，长 17~27cm，宽 6~13cm，上面深绿色，无毛，下面有淡灰色至淡黄褐色的毛被，上层毛被杯状，边缘全缘或有疏齿，下层毛被紧贴；叶柄圆柱形，有灰白色绒毛。总状伞形花序，有花 15~20（~30）朵；总轴有淡黄色绒毛；花萼小，有 8 个小三角形的齿，外面被锈色毛；花冠管状钟形，长 5cm，直径 4~5cm，粉红色或蔷薇色，基部有深红色斑点，8 裂，顶端有凹缺；雄蕊 16 枚，花丝基部有短柔毛；子房圆锥形，有淡棕色绒毛；花柱无毛，柱头膨大成头状。蒴果圆柱状，有锈色毛，常 8 室。

生境：生于海拔 1 500~2 500m 的森林中。

花期：5~6 月。

分布：产四川西南部，云南东北部；本种在凉山州分布广，常见于雷波、越西、甘洛、美姑、会东、会理。模式标本采自云南巧家。

亚组 3. 弯果杜鹃亚组 Subsect. *Campylocarpa* (Tagg) Sleumer

灌木。叶革质，椭圆形、卵形至近圆形，先端钝圆，有小尖头，基部浅心形或圆形，两面无毛。花序有 5~15 朵花，排列疏松；花萼大或小；花冠钟状、杯状或碟状，黄色、粉红色或白色，5 裂，无蜜腺囊；雄蕊 10 枚；子房密被腺体，花柱无腺体或基部有腺体或通体有腺体。蒴果细长，弯弓形。

本亚组共有 6 种，凉山州有 2 种。

分种检索表

1. 花冠鲜黄色，叶柄无毛 ·············黄杯杜鹃 *R. wardii*
1. 花冠粉红色或乳白色，叶柄幼时被腺毛 ·············白碗杜鹃 *R. souliei*

弯果杜鹃亚组 Subsect. *Campylocarpa* (Tagg) Sleumer

黄杯杜鹃

Rhododendron wardii W. W. Smith

主要形态特征：灌木，高约 3m；幼枝平滑无毛，老枝树皮有时层状剥落。叶革质，长圆状椭圆形，长 5~8cm，宽 3~4.5cm，先端有细尖头，基部微心形，两面无毛；叶柄细瘦，无毛。总状伞形花序，有花 5~8（~14）朵；总轴有短柄腺体；花梗长 2~4cm，常被稀疏腺体；花萼大，5 裂，萼片膜质，卵形，长 5~8（~12）mm，宽 3~5mm，不等大，边缘密生整齐的腺体；花冠杯状，长 3~4cm，直径 4~5cm，鲜黄色，5 裂，顶端有凹缺；雄蕊 10 枚，花丝无毛；花药黄色；子房圆锥形，密被腺体，花柱长，通体有腺体。蒴果圆柱状，被腺毛，花萼在果时常宿存，并长大呈叶状，长达 1.2cm。

生境：生于 2 500~4 000m 的山坡、云杉及冷杉林缘、灌木丛中。

花期：6~7 月。

分布：产四川西南部，云南西北部，西藏东南部；凉山州主要分布于木里、盐源、普格、冕宁。模式标本采自云南德钦。

弯果杜鹃亚组 Subsect. *Campylocarpa* (Tagg) Sleumer

白碗杜鹃

Rhododendron souliei Franch.

主要形态特征：常绿灌木，高 1.5~2m；幼枝有稀疏红色腺体。叶革质，卵形至矩圆状椭圆形，长 3.5~7.5cm，宽 2~4.5cm，先端圆形，有凸起的小尖头，基部微心形或近圆形，两面无毛；叶柄圆柱形，幼时有腺毛。总状伞形花序，有花 5~7 朵，总轴长 5~10mm，有短柄腺体；花梗密被腺体；花萼大，5 裂，萼片卵形，膜质，长 5~8mm，宽 2~5mm，不等大，外面有稀疏腺体，边缘有整齐的短柄腺体；花冠钟状、碗状或碟状，中部宽阔，长 2.5~3.5cm，直径 5~6cm，乳白色或粉红色，5 裂；雄蕊 10 枚，花丝无毛，花药深紫红色；子房及花柱通体密被紫红色腺体。蒴果圆柱状，成熟后常弯曲，有宿存的腺体。

生境：生于海拔 3 000~3 800m 的山坡、冷杉林下及灌木丛中。

花期：6~7 月。

分布：产四川西南部，西藏东部；凉山州主要见于冕宁、金阳。模式标本采自四川康定。

2cm

2cm

1cm

2cm

5mm

5mm

2cm

亚组 4. 麻花杜鹃亚组 Subsect. *Maculifera* (Tagg) Sleumer

灌木或小乔木；树皮粗糙；幼枝被绒毛或腺体刚毛。叶长圆形、长圆状披针形、披针形至倒披针形、椭圆形或卵形至倒卵形，先端有小尖头至尖尾状，下面多少具有宿存或脱落的粗伏毛、绒毛状丛卷毛或星状绒毛，在中脉上密被或散生刚毛或丛卷毛。花序疏松或稠密，有花 5~20 朵；总轴长 2~20mm；花萼通常细小，长约 2mm；花冠狭至宽钟形或管状钟形，白色、粉红色至深红色，基部有或无深色斑块及斑点，有或无蜜腺囊，裂片 5 片；雄蕊 10 枚，稀 12~14 枚；子房被绒毛或有柄腺体，稀无毛。

本亚组有 13 种，1 亚种，3 变种；凉山州产 4 种，1 变种，本次野外调查有 3 种，1 变种。

分种检索表

1. 幼枝和叶柄密被腺头刚毛。

　2. 花冠深红色 ·· 芒刺杜鹃 *R. strigillosum*

　2. 花冠粉红色至粉白色 ······················ 紫斑杜鹃 *R. strigillosum* var. *monosematum*

1. 幼枝和叶柄被绒毛，无腺头刚毛。

　3. 叶片中脉密被分枝毛；花梗密被淡黄色柔毛 ················ 绒毛杜鹃 *R. pachytrichum*

　3. 叶片两面无毛；花梗光滑 ······························· 川西杜鹃 *R. sikangense*

麻花杜鹃亚组 Subsect. *Maculifera* (Tagg) Sleumer

芒刺杜鹃

***Rhododendron strigillosum* Franch.**

主要形态特征：常绿灌木，幼枝密被褐色腺头刚毛。叶革质，长圆状披针形，长 8~16cm，宽 2.2~4cm，先端短渐尖至尾状，边缘反卷，幼时具纤毛，上面暗绿色，无毛，下面淡绿色，有散生黄褐色粗伏毛，中脉在上面呈深沟状，有时近基部具褐色刚毛，下面中脉隆起，密被褐色绒毛及腺头刚毛；叶柄密被黄褐色有分枝柔毛及腺头刚毛。顶生短总状伞形花序，有花 8~12 朵；花梗长 6~15mm，红色，密被腺头刚毛；花萼小，淡红色，长约 2mm，裂齿 5，三角形边缘有纤毛；花冠管状钟形，长 4~4.5cm，直径 4.7~4.9cm，深红色，内面基部有黑红色斑块，裂片 5 片；雄蕊 10 枚，花丝无毛；子房密被淡紫色腺头粗毛，花柱红色无毛。

生境：生于海拔 1 600~3 580m 的岩石边或冷杉林中。

花期：4~6 月。

分布：产四川西部、西南部、南部及云南东北部；凉山州主要分布于雷波、越西、甘洛、美姑。模式标本采自四川宝兴。

麻花杜鹃亚组 Subsect. *Maculifera* (Tagg) Sleumer

紫斑杜鹃

Rhododendron strigillosum var. *monosematum* (Hutch.) T. L. Ming

主要形态特征：本变种与原变种不同之点在于叶下面除中脉外其余无毛；花冠钟形，红色或白色。

生境：生于海拔 2 050~3 800m 的森林或杜鹃花灌丛中。

花期：4~6 月。

分布：产四川西部至西南部，云南小有分布；凉山州主要分布于越西、甘洛、会理。模式标本采自四川宝兴。

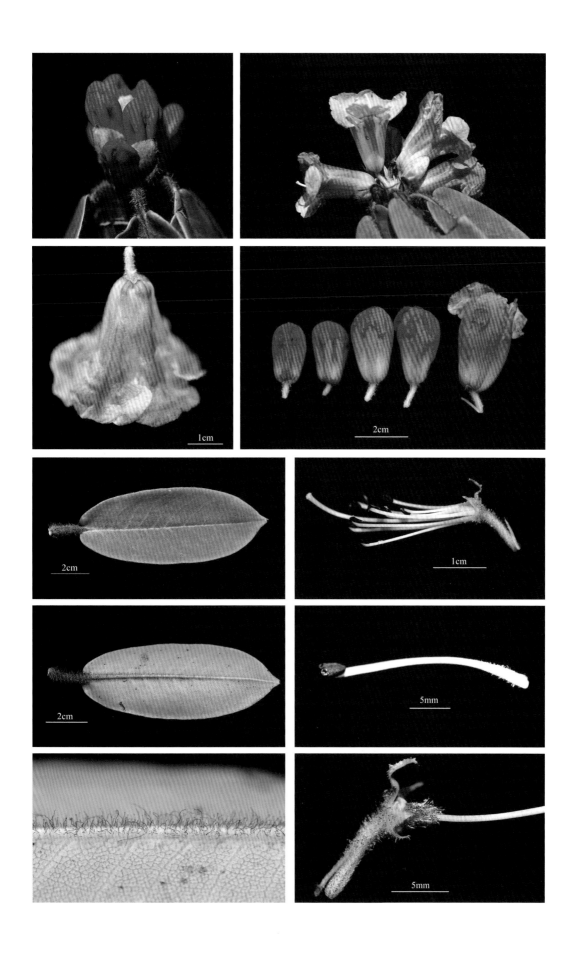

麻花杜鹃亚组 Subsect. *Maculifera* (Tagg) Sleumer

绒毛杜鹃

Rhododendron pachytrichum Franch.

主要形态特征：常绿灌木，高 1.5~5m；幼枝密被淡褐色有分枝的粗毛。叶革质，常数枚在枝顶近于轮生，狭长圆形、倒披针形或倒卵形，长 7~14cm，宽 2~4.5cm，边缘反卷，幼时具睫毛，中脉在下面被淡色有分枝的粗毛，尤以下半段为多；叶柄毛被如幼枝。顶生总状花序，有花 7~10 朵；花梗密被淡黄色柔毛；花萼小，锐尖三角形；花冠钟形，长 3~4.5cm，直径 3~4.2cm，淡红色至白色，内面上面基部有 1 枚紫黑色斑块，裂片 5 片；雄蕊 10 枚，花丝白色，近基部有白色微柔毛；子房密被淡黄色绒毛，花柱无毛。

生境：生于海拔 1 700~3 500m 的森林中。

花期：4~5 月。

分布：产陕西南部，四川东南部和西南部，云南东北部；凉山州分布广，常见于美姑、雷波、金阳、盐源、木里、冕宁。模式标本采自四川宝兴。

麻花杜鹃亚组 **Subsect. *Maculifera* (Tagg) Sleumer**

川西杜鹃

***Rhododendron sikangense* Fang**

主要形态特征：小乔木或灌木，当年生幼枝被白色绒毛。叶革质，长圆状椭圆形，长 8~12cm，宽 2.5~3.5cm，先端锐尖，两面无毛；中脉在近叶基处及叶柄上有易脱落的星状毛。总状伞形花序，有花 8~12 朵；花梗粗壮，每花下有一苞片，膜质，两面被密柔毛；花萼小，5 裂，裂片三角形，外面被毛；花冠钟状，长 3~3.5cm，直径 3~4cm，淡紫红色，有深紫色斑点，5 裂，顶端有凹缺；雄蕊 10 枚；花丝基部有开展的短柔毛；子房常被分枝毛，花柱粗壮，无毛。蒴果圆柱状，被褐色厚毛。

生境：生于海拔 2 800~3 100m 的山坡灌木丛中。

花期：6~7 月。

分布：产四川西部和西南部；凉山州主要分布于雷波、木里。模式标本采自四川天全（二郎山）。

亚属 1. 常绿杜鹃亚属
Subg. *Hymenanthes* (Blume) K. Koch

亚组 5. 漏斗杜鹃亚组 Subsect. *Selensia* (Tagg) Sleumer

灌木或小乔木，枝条细瘦。叶纸质，椭圆形或长倒卵形，下面无毛或有薄毛被。花序常 5~8 朵花，稀仅 1 朵花或多至 11 朵花；总轴短，长不超过 5mm；花萼小，长 1~5mm，稀达 10mm，不等大；花冠漏斗状，乳白色或蔷薇色，基部狭窄；雄蕊 10 枚；子房有腺体或硬毛，花柱通常光滑。蒴果细瘦，弯弓形。

本亚组共 9 种，2 亚种，1 变种；凉山州有 1 种，1 亚种。本次野外调查有 1 亚种。

漏斗杜鹃亚组 Subsect. *Selensia* (Tagg) Sleumer

毛枝多变杜鹃

Rhododendron selense Franch. subsp. *dasycladum* (Balf. f. et W. W. Smith) D. F. Chamb.

主要形态特征： 灌木，幼枝具长柄腺毛或腺头刚毛。叶长圆状椭圆形或倒卵形，长 4~8cm，宽 2.5~4cm，两面无毛；叶柄长有稀疏长柄腺毛。总状伞形花序，有 4~7 朵花；花梗具有柄腺毛；花萼小，常 5 裂；花冠漏斗状，长 2.5~3.5cm，基部狭窄，粉红色至蔷薇色；雄蕊 10 枚，花丝下部微被毛；子房圆柱状，密被有柄腺毛，花柱无毛和腺体。蒴果圆柱状，具腺毛。

生境： 生于海拔 2 700~3 600m 的高山针叶林下和杜鹃花灌丛中。

花期： 4~6 月。

分布： 产四川西南部，云南西北部和西藏东部；凉山州主要分布于盐源、木里。模式标本采自云南中甸。

Subg. *Hymenanthes* (Blume) K. Koch

亚属 1. 常绿杜鹃亚属

亚组 6. 黏毛杜鹃亚组 Subsect. *Glischra* (Tagg) D. F. Chamb.

矮灌木至小乔木，树皮粗糙；幼枝密被腺头刚毛或长柄腺体；芽鳞脱落或可宿存数年。叶多少草质至革质，长圆形、卵形、倒卵形、椭圆形至倒披针形，上面无毛或具宿存的须状毛，下面具有柄腺体或须状毛，特别在脉上是重叠的或有分枝的席状毛被。花序疏松，有花 6~14 朵；总轴长 5~15mm，花萼大，长 5~15mm，裂片圆形，舌状；花冠钟形至漏斗状钟形，无蜜腺囊，白色带粉红色至粉红色，稀深红色，通常基部有紫色斑块及斑点，裂片 5 片；雄蕊 10 枚；子房密被腺头刚毛，花柱无毛或基部具有柄腺体或绒毛。

本亚组共有 6 种，1 亚种，1 变种，中国均有之；凉山州分布仅 1 种。

黏毛杜鹃亚组 Subsect. *Glischra* (Tagg) D. F. Chamb.

枯鲁杜鹃

***Rhododendron adenosum* Davidian**

主要形态特征：灌木；幼枝密被腺头刚毛。叶革质，卵形至披针形或椭圆形，长 7~10.5cm，宽 2.4~3.4cm，上面幼时具有柄腺毛，成熟后逐渐脱落，在中脉上有刚毛叠盖，下面具小刚毛及散生的绒毛，至少向顶部绒毛消失或多少宿存；叶柄同于中脉，密被腺头刚毛。花序疏松，有花 6~8 朵；花梗密被腺头刚毛；花萼发育不整齐，被毛同花梗；花冠漏斗状钟形，长 3.5~5cm，淡粉红色，具紫红色的斑点；子房密被腺头刚毛，花柱无毛。蒴果弯曲，被腺毛。

生境：生于海拔 3 350~3 550m 的松林中。

花期：4~6 月。

分布：产四川凉山州木里。模式标本采自木里枯鲁山区。

亚属 1 常绿杜鹃亚属
Subg. *Hymenanthes* (Blume) K. Koch

亚组 7. 露珠杜鹃亚组 Subsect. _Irrorata_ (Tagg) Sleumer

灌木，稀小乔木。叶常为披针形、卵状披针形或椭圆形，常两面无毛，稀仅在下面有薄毛被，或仅在下面中脉上有毛。花序疏松，常 2~20 朵花；总轴长 5~35mm；花萼小；花冠管状、钟状或杯状，5 裂，稀 6~7 裂，白色、蔷薇色、深红色或黄色，有明显的深色斑点，基部有或无蜜腺囊；雄蕊 10 枚，稀达 14 枚；子房光滑或有腺体及绒毛，花柱无毛或通体有腺体。蒴果圆柱状，长 1~2.5cm。

全世界共有 24 种，3 亚种，3 变种。中国有 21 种，2 亚种，3 变种；凉山州有 2 种。

分种检索表

1. 花冠钟状，淡黄色或粉红色 ································· 露珠杜鹃 _R. irroratum_
1. 花冠碟状，白色或淡紫红色 ································· 桃叶杜鹃 _R. annae_

露珠杜鹃亚组 Subsect. _Irrorata_ (Tagg) Sleumer

露珠杜鹃

Rhododendron irroratum Franch.

主要形态特征：灌木或小乔木，幼枝有薄层绒毛和腺体，以后逐渐脱落。叶多密生于枝顶，革质，椭圆形、披针形或长圆状椭圆形，长 7~14cm，宽 2~4cm，边缘全缘或呈波状皱缩。总状伞形花序，有 7~15 朵花，总轴长 2~4cm，疏生柔毛和淡红色腺体；花梗密被腺体；花萼小，盘状，5 浅裂；花冠管状或钟状，长 3~4cm，淡黄色、白色或粉红色，5 裂。雄蕊 10 枚，花丝基部被开展的柔毛；子房密被腺体，花柱长于花冠，通体密生红色腺体。蒴果圆柱状，有腺体。

生境：生于海拔 1 700~3 200m 的山坡常绿阔叶林中或灌木丛中。

花期：3~5 月。

分布：产于四川西南部，贵州西北部及云南北部；凉山州主要分布于西昌、会东、会理、盐源、木里。模式标本采自云南鹤庆。

露珠杜鹃亚组 Subsect. *Irrorata* (Tagg) Sleumer

桃叶杜鹃

Rhododendron annae Franch.

主要形态特征：常绿灌木，高 1.5~2m。叶革质，披针形或椭圆状披针形，长 7~10cm，宽 2~3cm，先端渐尖，基部楔形，两面无毛。总状伞形花序，有花 6~10 朵；花梗被有柄腺体；花萼小，波状 5 裂，裂片外面及边缘具有柄腺体；花冠宽钟状或杯状，宽阔，长 2~3cm，白色或淡紫红色，筒部有紫红色斑点，5 深裂；雄蕊 10 枚；子房密被腺体，花柱通体有腺体，柱头微膨大。蒴果圆柱状，长 1.5~2.5cm，有腺体。

生境：生于海拔 1 250~1 710m 的常绿阔叶林或灌木丛中。

花期：4~6 月。

分布：产贵州西部，云南东北部；凉山州会东县为该种的新分布地。模式标本采自贵阳附近（六冲关）。

亚组 8. 银叶杜鹃亚组 Subsect. *Argyrophylla* (Tagg) Sleumer

　　灌木，稀小乔木。叶披针形或椭圆状披针形，先端渐尖，下面有银白色，紧贴的薄毛被，或淡黄色至黄褐色的疏松毛被。花序多花，排列疏松；花梗细长，稀粗而短；花萼小；花冠漏斗状、钟状，基部通常狭窄，白色至玫瑰色，稀紫红色，5 裂；雄蕊10~14（~20）枚，较花冠短；子房圆柱形，无毛或有绒毛及腺体。蒴果圆柱状，常微弯曲。

　　本亚组共有 20 种，4 亚种，为我国特产；凉山州有 4 种，1 变种。

分种检索表

1. 成熟叶片背面 1 层毛被。

　　2. 叶片背面具薄层银白色毛被 ························银叶杜鹃 *R. argyrophyllum*

　　2. 叶片背面具薄层淡棕色或淡黄色毛被 ································

　　··························峨眉银叶杜鹃 *R. argyrophyllum* var. *omeiense*

1. 成熟叶片背面 2 层毛被。

　　3. 叶片背面毛被糠秕状，白色 ·····················海绵杜鹃 *R. pingianum*

　　3. 叶片背面毛被不呈糠秕状，颜色较深。

　　　　4. 叶片背面上层毛被红棕色或褐红色，花序轴不明显 ····· 粗脉杜鹃 *R. coeloneurum*

　　　　4. 叶片背面上层毛被灰白色或黄棕色，花序轴明显 ··········繁花杜鹃 *R. floribundum*

银叶杜鹃亚组 Subsect. *Argyrophylla* (Tagg) Sleumer

繁花杜鹃

***Rhododendron floribundum* Franch.**

　　主要形态特征：灌木或小乔木；枝条粗壮，幼时有灰白色星状毛，以后无毛。叶厚革质，椭圆状披针形至倒披针形，长 8~13cm，宽 1.8~3.8cm，上面呈泡泡状隆起，有明显的皱纹，无毛，下面具灰白色疏松绒毛，上层毛被为星状毛，下层毛被紧贴；叶柄长圆柱状，幼时被灰白色星状毛，后变无毛。总状伞形花序，有花 8~12 朵，总轴、花梗被淡黄色至白色柔毛；花萼小，具三角状的 5 齿裂；花冠宽钟状，粉红色，长 3.5~4cm，筒部有深紫色斑点，5 裂；雄蕊 10 枚，花丝无毛；子房被白色绢状毛，花柱无毛。蒴果圆柱状，被淡灰色绒毛。

　　生境：生于海拔 1 400~2 700m 的山坡灌木丛中。

　　花期：4~5 月。

　　分布：产四川西南部、贵州西北部及云南东北部；凉山州分布较广，常见于会东、会理、盐源、西昌、普格、喜德、昭觉。模式标本采自四川宝兴。

银叶杜鹃亚组 Subsect. *Argyrophylla* (Tagg) Sleumer

粗脉杜鹃

Rhododendron coeloneurum Diels

主要形态特征：常绿灌木或小乔木；幼枝密被红棕色绒毛。叶革质，倒披针形至长圆状椭圆形，长 7~12cm，宽 2.5~4cm，先端具细小尖头，下面有两层毛被，上层毛被厚，红棕色，由星状分枝毛组成，易脱落，下层毛被紧贴，灰白色，由具短柄多少黏结的丛卷毛组成，叶柄密被棕色绒毛。顶生伞形花序，有花 6~9 朵，总轴及花梗短，密被棕色绒毛；花萼小，裂片三角形，密被绒毛；花冠漏斗状钟形，长 4~4.5cm，粉红色至淡紫色，筒部上方具紫色斑点，内面近基部被白色微柔毛，裂片 5 片；雄蕊 10 枚，基部密被白色微柔毛；子房密被黄白色绒毛，花柱无毛，极稀基部被微毛。

生境：生于海拔 1 200~2 300m 的山坡林中。

花期：4~6 月。

分布：产四川西南部和东南部，贵州东南部和北部，云南东北部；凉山州常分布于雷波、美姑。模式标本采自四川南川金佛山。

银叶杜鹃亚组 **Subsect. *Argyrophylla* (Tagg) Sleumer**

海绵杜鹃

***Rhododendron pingianum* Fang**

主要形态特征：常绿灌木或小乔木；幼枝粗壮被灰白色绒毛。叶革质，倒披针形或长圆状披针形，长 9~15cm，宽 2.5~3.8cm，下面被白色或灰白色的两层毛被，上层毛被糠秕状，下层毛被紧贴，中脉在下面为毛被覆盖；叶柄幼时被丛卷毛。总状伞形花序，有花 12~22 朵；总轴微被柔毛；花梗疏生白色丛卷毛；花萼小，5 裂；花冠钟状漏斗形，长 3~3.5cm，粉红色或淡紫红色，基部较窄，5 裂；雄蕊 10 枚，长 8~15mm，不等长，花丝细瘦无毛；子房有淡棕色绒毛，花柱无毛。

生境：生于海拔 2 300~2 700m 的山坡疏林中。

花期：5~6 月。

分布：产四川西南部，云南东北部；凉山州分布于雷波、美姑。模式标本采自四川马边。

银叶杜鹃亚组 Subsect. *Argyrophylla* (Tagg) Sleumer

银叶杜鹃

Rhododendron argyrophyllum Franch.

主要形态特征：常绿灌木或小乔木。叶革质，长圆状椭圆形或倒披针状椭圆形，长 8~13cm，宽 2~4cm，深绿色，下面有银白色的薄毛被；叶柄圆柱形，幼时被毛，后变无毛。总状伞形花序，有花 6~9 朵；总轴有稀疏淡黄色柔毛；花梗疏生白色丛卷毛；花萼小，5 裂；花冠钟状，长 2.5~3cm，乳白色或粉红色，喉部有紫色斑点，基部狭窄，5 裂；雄蕊 12~15 枚，花丝不等长，包藏于花冠筒内，基部有白色微绒毛；子房被白色短绒毛，花柱无毛。

生境：生于海拔 1 600~2 300m 的山坡、沟谷的丛林中。

花期：4~5 月。

分布：产四川西部及西南部，贵州西北部及云南东北部；凉山州分布于金阳、布拖、雷波、美姑。模式标本采自四川宝兴。

1cm

1cm

2cm

4mm

1cm

2cm

亚属 1 常绿杜鹃亚属
Subg. *Hymenanthes* (Blume) K. Koch

银叶杜鹃亚组 Subsect. *Argyrophylla* (Tagg) Sleumer

峨眉银叶杜鹃

Rhododendron argyrophyllum subsp. omeiense (Rehd. et Wils.) D. F. Chamb.

主要形态特征：与银叶杜鹃花的主要区别是叶片较小，下有淡棕色或淡黄色的毛被；花冠钟状基部微宽阔；子房仅被疏短毛等。

生境：生于海拔 1 800~2 000m 的山坡、沟谷的丛林中。

花期：4~5 月。

分布：产四川西部；凉山州分布于冕宁、美姑。模式标本采自四川峨眉山。

1cm

1cm

1cm

1cm

2cm

2cm

亚属 1. 常绿杜鹃亚属
Subg. *Hymenanthes* (Blume) K. Koch

亚组 9. 树形杜鹃亚组 Subsect. *Arborea* (Tagg) Sleumer

乔木；树皮粗糙；幼枝密被绒毛。叶椭圆形、长圆状披针形至倒披针形，下面密被海绵状至紧贴的一层或两层白色至淡褐色有分枝的绒毛，有时上层为棕色丛卷毛。花序密，有花 10~25 朵；花萼小；花冠钟形或管状钟形，具蜜腺囊，裂片 5 片；雄蕊 10 枚；子房密被绒毛，偶尔尚具腺体，花柱无毛。

本亚组有 4 种，4 变种，中国全有之；凉山州分布仅 1 种。

树形杜鹃亚组 Subsect. *Arborea* (Tagg) Sleumer

马缨杜鹃

Rhododendron delavayi Franch.

主要形态特征：常绿灌木或小乔木；树皮薄片状剥落；幼枝粗壮，被白色绒毛，后变为无毛。叶革质，长圆状披针形，长 7~15cm，宽 1.5~4.5cm，上面成长后无毛，下面有白色至灰色或淡褐色海绵状毛被。顶生伞形花序，圆形，紧密，有花 10~20 朵；总轴长约 1cm，密被红棕色绒毛；花梗密被淡褐色绒毛；花萼小，外面有绒毛和腺体，裂片 5 片，宽三角形；花冠钟形，长 3~5cm，直径 3~4cm，肉质，深红色，内面基部有 5 枚黑红色蜜腺囊，裂片 5 片；雄蕊 10 枚，花丝无毛；子房圆锥形，密被红棕色毛，花柱无毛。

生境：生于海拔 1 200~3 200m 的常绿阔叶林或灌木丛中。

花期：4~5 月。

分布：产广西西北部，四川西南部及贵州西部，云南全省和西藏南部；凉山州分布广，常见于越西、会东、会理、西昌、普格、喜德。模式标本采自云南鹤庆。

亚组 10. 大理杜鹃亚组 Subsect. *Taliensia* (Tagg) Sleumer

灌木或小乔木；幼枝无毛或被密毛，有时还具有柄腺体。成叶上面无毛，通常平滑，稀呈泡状皱纹，下面有一层或两层毛被，由分枝毛、放射状毛或簇状毛组成，通常厚，绵毛状或毡毛状，锈红色、黄褐色至黄色，稀白色，但有时毛被稀疏甚至无毛。花序通常密集，有花 5~20 朵，总轴缩短；花萼杯状，小或大，花冠质薄，5（~7）裂，钟形或漏斗状钟形，白色、粉红色至蔷薇色或黄色，常具明显的斑点；雄蕊 10（~14）枚；子房无毛或被毛或具腺体和柔毛或仅具腺体，花柱无毛，稀具腺体。

本亚组共 54 种，5 亚种，11 变种，我国全有；凉山州分布有 13 种，2 变种，本次野外调查到 10 种。

分种检索表

1. 花萼发育，长 5mm 以上。
  2. 幼枝及叶片背面被薄层灰褐色短柔毛   大叶金顶杜鹃 *R. faberi* subsp. *prattii*
  2. 幼枝及叶片背面厚层绵毛。
    3. 叶片椭圆形至卵状长圆形，花序轴密被柔毛及腺体 ………… 锈红杜鹃 *R. bureavii*
    3. 叶片披针形或长圆状披针形，花序轴密被锈红色分支绵毛…………………………
                                             腺房杜鹃 *R. adenogynum*
1. 花萼不发育，长 1~3mm。
  4. 叶背面毛被薄且密，泥膏状、羔皮状。
    5. 叶片倒披针形至长圆状披针形，花冠粉红色 ………………… 宽钟杜鹃 *R. beesianum*
    5. 叶片宽椭圆形至倒卵状椭圆形，花冠乳黄色 ………………… 乳黄杜鹃 *R. lacteum*
  4. 叶背面毛被厚且疏松，绵毛状或厚毡毛状。
    6. 叶片上面中脉、侧脉及网脉凹入而呈泡状 ……………… 皱皮杜鹃 *R. wiltonii*
    6. 叶片上面平展。
      7. 幼枝具宿存的芽鳞；叶片披针形，下面毛被锈红色厚绵毛…………………………
                                            卷叶杜鹃 *R. roxieanum*
      7. 幼枝不具宿存的芽鳞；叶片长圆形、卵状长圆形。
        8. 叶片下面毛被白色至淡黄白色，海绵状，具表膜… 雪山杜鹃 *R. aganniphum*
        8. 叶片下面毛被灰白色至黄棕色，毡毛状。
          9. 幼枝光滑无毛 ……………………………………… 陇蜀杜鹃 *R. przewalskii*
          9. 幼枝疏被丛卷毛 …………………………………… 栎叶杜鹃 *R. phaeochrysum*

大理杜鹃亚组 Subsect. *Taliensia* (Tagg) Sleumer

锈红杜鹃

***Rhododendron bureavii* Franch.**

主要形态特征：常绿灌木；幼枝密被锈红色至黄棕色厚绵毛，混生红色腺体。叶厚革质，椭圆形至倒卵状长圆形，长 6~14cm，宽 2.5~5cm，上面无毛，下面密被一层锈红色至黄棕色绵毛状厚毛被。有花 10~20 朵，总轴短，密被锈红色绵毛状分枝毛，混生腺体；花梗密被绒毛和腺体；花萼大，长 5~10mm，5 深裂几达基部，裂片长圆形，外面密被柔毛和腺体，边缘具腺头睫毛；花冠管状钟形或钟形，长 3~4.5cm，白色带粉红色至粉红色，裂片 5 片；雄蕊 10 枚，花丝基部被白色微柔毛；子房卵圆形，密被短柄腺体和柔毛，花柱基部被短柄腺体，有时还有长柔毛。

生境：生于海拔 2 800~4 500m 的高山针叶林下或杜鹃花灌丛中。

花期：4~5 月。

分布：产四川西南部和西北部，云南西北部和东北部。凉山州分布广，常见于越西、冕宁、会东、会理、西昌、普格、盐源。模式标本采自云南鹤庆。本书作者对普格杜鹃（*R. pugeense* L. C. Hu）存疑，在此将其作为锈红杜鹃的同物异名处理。

大叶金顶杜鹃

Rhododendron faberi Hemsl. subsp. *prattii* (Franch.) Chamb.

主要形态特征：常绿灌木，高 2~5m；幼枝被棕灰色短柔毛。叶革质，宽椭圆形或椭圆状倒卵形，长 7~17cm，宽 4~7cm，下面毛被薄，淡黄褐色或褐色，上层毛被多少脱落，显露出下层灰色毛被。顶生总状伞形花序，有花 6~10 朵；总轴和花梗密被灰黄色柔毛和腺毛；花萼大，叶状，长 8~12mm，5 深裂；花冠钟形，长 4~5cm，白色至淡红色，裂片 5 片，顶端内凹；雄蕊 10 枚，花丝细，基部被白色微柔毛；子房密被红棕色柔毛和短柄腺体，花柱无毛。蒴果柱状长圆形，密被腺毛，花萼和花柱宿存。

生境：生于海拔 2 800~3 950m 的杜鹃花灌丛中或针叶林缘。

花期：5~6 月。

分布：产四川西部、西南部和西北部；凉山州分布于越西、冕宁。模式标本采自四川康定。

大理杜鹃亚组 Subsect. *Taliensia* (Tagg) Sleumer

皱皮杜鹃

Rhododendron wiltonii Hemsl. et Wils.

主要形态特征：常绿灌木，高 1.5~3m；幼枝密被黄灰色或带灰色绒毛；老枝无毛。叶厚革质，叶片倒卵状长圆形至倒披针形，长 5~11cm，宽 2~4cm，边缘稍反卷，上面幼时被淡黄色星状毛和腺体，中脉、侧脉和网脉凹入而呈粗皱纹，下面密被一层由星状毛至簇状毛组成的锈红色或暗棕色厚毛被。顶生总状伞形花序，有花 8~10 朵；花梗密被丛卷毛，混生少量腺体；花萼小，环状，5 裂，裂片三角形，密被带黄色丛卷毛；花冠漏斗状钟形，长 3~4cm，白色至粉红色，内面具多数红色斑点，基部被微柔毛，裂片 5 片；雄蕊 10 枚，花丝下半部密被白色微柔毛；子房密被锈红色绵毛状绒毛，花柱无毛。蒴果圆柱形，略弯，密被棕色毛。

生境：生于海拔 2 200~3 300m 的高山丛林中。

花期：5~6 月。

分布：产四川西部和西南部；凉山州分布于雷波、西昌。模式标本采自四川。

大理杜鹃亚组 Subsect. *Taliensia* (Tagg) Sleumer

雪山杜鹃

Rhododendron aganniphum Balf. f. et K. Ward

　　主要形态特征: 常绿灌木, 高 1~4m; 幼枝无毛。叶厚革质, 长圆形或椭圆状长圆形, 长 6~9cm, 宽 2~4cm, 上面深绿色, 无毛, 微有皱纹, 下面密被一层永存的毛被, 毛被白色至淡黄白色, 海绵状, 具表膜, 中脉凸起, 被毛, 侧脉隐藏于毛被内。顶生短总状伞形花序, 有花 10~20 朵, 总轴和花梗无毛; 花萼小, 杯状; 花冠漏斗状钟形, 长 3~3.5cm, 白色或淡粉红色, 筒部上方具多数紫红色斑点, 内面基部被微柔毛, 裂片 5 片; 雄蕊 10 枚, 花丝向基部疏被白色微柔毛; 子房及花柱无毛。蒴果圆柱形, 直立。

　　生境: 生于海拔 2 700~4 700m 的高山杜鹃花灌丛中或针叶林下。

　　花期: 6~7 月。

　　分布: 产青海东南部和南部, 四川西南部、西部和西北部, 云南西北部和西藏东南部; 凉山州分布于木里。 模式标本采自云南德钦。

大理杜鹃亚组 Subsect. *Taliensia* (Tagg) Sleumer

陇蜀杜鹃

Rhododendron przewalskii Maxim.

主要形态特征：常绿灌木，高 1~3m；幼枝淡褐色，无毛。叶革质，叶片卵状椭圆形至椭圆形，长 6~10cm，宽 3~4cm，上面深绿色，无毛，微皱，下面被薄层灰白色、黄棕色至锈黄色，多少黏结的毛被。顶生伞房状伞形花序，有花 10~15 朵，总轴及花梗无毛；花萼小，具 5 个半圆形齿裂，无毛；花冠钟形，长 2.5~3.5cm，白色至粉红色，筒部上方具紫红色斑点，裂片 5 片；雄蕊 10 枚，花丝无毛或下半部略被柔毛；子房圆柱形，具槽，无毛。蒴果长圆柱形，光滑。

生境：生于海拔 2 900~4 300m 的高山林地，常成林。

花期：6~7 月。

分布：产陕西西部，甘肃西南部，青海东南部及四川西部；凉山州分布于冕宁、木里、金阳。模式标本采自甘肃。

大理杜鹃亚组 Subsect. *Taliensia* (Tagg) Sleumer

栎叶杜鹃

Rhododendron phaeochrysum Balf. f. et W. W. Smith

　　主要形态特征：常绿灌木，高 1.5~4.5m；幼枝疏被白色丛卷毛，后变无毛。叶革质，长圆形，长圆状椭圆形或卵状长圆形，长 7~14cm，宽 2.5~5.5cm，上面深绿色，微皱，无毛，下面密被薄层黄棕色至金棕色多少黏结的毡毛状毛被，由放射状短分枝毛组成。顶生总状伞形花序，有花 8~15 朵，花萼小，杯状，裂片 5 片，无毛；花冠漏斗状钟形，常白色或淡粉红色，裂片 5 片，扁圆形，顶端微缺；雄蕊 10 枚，花丝下半部被白色短柔毛；子房圆锥形，无毛，柱头盘状。蒴果长圆柱形，直立，顶部微弯。

　　生境：生于海拔 3 300~4 200m 的高山杜鹃花灌丛中或冷杉林下。

　　花期：5~6 月。

　　分布：产四川西部、西南部和西北部，云南西北部和西藏东南部；凉山州分布于冕宁、雷波、美姑、西昌、木里。模式标本采自云南中甸。

大理杜鹃亚组 **Subsect. *Taliensia* (Tagg) Sleumer**

乳黄杜鹃

Rhododendron lacteum **Franch.**

主要形态特征：常绿灌木或小乔木，小枝粗壮，疏被灰白色丛卷毛。叶厚革质，宽椭圆形至倒卵状椭圆形，长 8~17cm，宽 6~8cm，上面绿色，无毛，下面被薄层毛被，由淡黄棕色至灰黄棕色的放射状毛组成。顶生总状伞形花序，有花 15~30 朵，密集，总轴长 3~3.5cm，疏被丛卷毛；花萼小，5 裂；花冠宽钟形，长 3.5~4.5cm，乳黄色；雄蕊 10 枚，化丝基部密被白色微柔毛；子房圆锥形，密被淡棕色绒毛，花柱绿色，无毛。

生境：生于海拔 3 000~4 050m 的高山杜鹃花灌丛中或冷杉林下。

花期：5~6 月。

分布：产云南西部及川西南部；凉山州分布于冕宁、西昌、普格、越西。模式标本采自云南大理。

亚属 1 常绿杜鹃亚属 Subg. *Hymenanthes* (Blume) K. Koch

宽钟杜鹃

Rhododendron beesianum Diels.

主要形态特征：常绿灌木或小乔木；小枝粗壮，初被丛卷毛。叶革质，倒披针形至长圆状披针形，长 10~25cm，宽 3~7cm，上面深绿色，无毛，下面被薄层淡黄色或淡肉桂色紧密毛被，不黏结，由放射状毛组成；叶柄下面圆形，两侧略呈窄翅。顶生总状伞形花序，有花 10~25 朵；总轴密被柔毛；苞片倒卵状长圆形，密被绢毛，花梗疏被短柔毛或近无毛；花萼小，裂片 5 片；花冠宽钟形，长 4~5cm，直径 4.5~5.5cm，白色带红色或粉红色，内面基部具深色斑纹，裂片 5 片；雄蕊 10 枚，花丝基部被白色微柔毛；子房窄圆柱形，具棱，密被淡棕色绒毛。

生境：生于海拔 2 700~4 500m 的针叶林下或高山杜鹃花灌丛中。

花期：5~6 月。

分布：产四川西南部，云南西北部和西藏东南部；凉山州分布于盐源、木里。模式标本采自云南丽江。

大理杜鹃亚组 Subsect. *Taliensia* (Tagg) Sleumer

卷叶杜鹃

Rhododendron roxieanum Forrest

主要形态特征：常绿灌木，高 1~3m；小枝短粗而稍弯曲，幼枝密被红棕色至锈色绵毛状绒毛；具宿存的芽鳞。叶厚革质，狭披针形至倒披针形，长 6~10cm，宽 1.3~2cm，先端急尖具硬尖头，边缘显著反卷，上面绿色，光亮，微皱，下面有两层毛被，上层毛被厚，绵毛状，由锈红色分枝毛组成，下层毛被薄，淡棕色，紧密，中脉凸起，被毛，侧脉隐藏于毛被内；叶柄密被淡棕色或带灰色厚绵毛状绒毛。顶生短总状伞形花序，有花 10~15 朵，总轴密被锈色绒毛；花梗长 1~1.5cm，密被锈色分枝绒毛和短柄腺体，花萼小，杯状；花冠漏斗状钟形，长 3~3.5cm，白色略带粉红色，具紫红色斑点，裂片 5 片；雄蕊 10 枚，花丝下半部密被白色微柔毛；子房密被锈色绒毛，有时还混生短柄腺体，花柱无毛。

生境：生于海拔 2 600~4 300m 的高山针叶林或杜鹃花灌丛中。

花期：6~7 月。

分布：产陕西凤县，甘肃武都，四川西南部，云南西北部和西藏东南部；凉山州分布于冕宁、木里。模式标本采自云南中甸。

大理杜鹃亚组 Subsect. *Taliensia* (Tagg) Sleumer

腺房杜鹃

Rhododendron adenogynum Diels

主要形态特征：常绿灌木，小枝粗壮，幼时被灰色绵毛。叶厚革质，披针形至长圆状披针形，长 6~12cm，宽 2~4cm，先端渐尖或急尖，上面无毛，下面密被厚层肉桂色至黄褐色毛被，毡毛状，有时混生细腺体，中脉凸起，侧脉隐没于毛被内。顶生总状伞形花序，有花 8~12 朵；花梗密被绒毛和短柄腺体；花萼大，长 10~15mm，5 深裂几达基部，裂片外面和边缘均具短柄腺体；花冠钟形，长 3.5~4.5cm，白色带红色或粉红色，筒部上方具深红色斑点，内面基部被微柔毛和深红色斑纹，裂片 5 片；雄蕊 10 枚，花丝下半部密被微柔毛和腺毛；子房密被短柄腺体，柱头盘状。

生境：生于海拔 3 200~4 200m 的冷杉林下或杜鹃花灌丛中。

花期：5~7 月。

分布：产四川西部和西南部，云南西北部和西藏东南部；凉山州分布于木里。模式标本采自云南丽江。

亚组 11. 星毛杜鹃亚组 Subsect. *Parishia* (Tagg) Sleumer

灌木或小乔木，小枝无毛或有星状毛及腺头刚毛。叶亚革质，较大，椭圆形至长倒卵状椭圆形，先端钝圆稀渐尖，下面无毛或幼时有早落的星状毛，稀多少残存。花序有 5~15 朵花；花萼长 2~5mm，稀达 1~2cm；花冠管状钟形，多少肉质，深红色，基部有 5 个紫红色的蜜腺囊；子房密被绒毛，花柱基有腺头刚毛及星状毛或有星状毛到顶端。

本亚组有 8 种，我国有 7 种；凉山州有 2 种。

分种检索表

1. 幼枝细瘦；叶片先端具长尾尖，下面仅中脉具薄层星状毛 ····尾叶杜鹃 R. *urophyllum*
1. 幼枝粗壮；叶片先端具短尖头，下面幼时具疏松星状毛，极易脱落······························
·····························会东杜鹃 R. *huidongense*

星毛杜鹃亚组 Subsect. *Parishia* (Tagg) Sleumer

尾叶杜鹃

Rhododendron urophyllum Fang

主要形态特征：灌木，高 2~4m；枝条细瘦，当年生幼枝灰棕色，被腺头刚毛。叶革质，椭圆状披针形或倒卵状披针形，长 8~11cm，宽 1.7~3cm，先端有尖尾，上面无毛，下面仅在脉上微被薄层的星状绒毛；叶柄微被星状绒毛。总状伞形花序，有花 10~12 朵，总轴有淡黄色绒毛；花梗密被腺头刚毛；花萼小，5 裂，裂片三角状卵形；花冠钟状，长 3.5~4cm，深红色，基部有深紫色的蜜腺囊，5 裂；雄蕊 10 枚，花丝无毛；子房被硬毛，花柱无毛。

生境：生于海拔 1 200~1 600m 的常绿阔叶林中。

花期：3~5 月。

分布：产四川西南部；凉山州仅分布于雷波，野外种群量极小。模式标本采自四川雷波。

星毛杜鹃亚组 Subsect. *Parishia* (Tagg) Sleumer

会东杜鹃

Rhododendron huidongense T. L. Ming

主要形态特征：灌木，高 2~5m；枝条粗壮，被稀疏短柔毛。叶薄革质，卵状披针形或卵状椭圆形，长 4~11cm，宽 2~3cm，具短尖头，边缘常向下反卷，上面深绿色，无毛，下面幼时被疏松的星状毛，极易脱落；叶柄细瘦，幼时被星状毛及短柄腺体，以后光滑。顶生总状伞形花序，有花 5~7（~9）朵，总轴长 5~10mm，被淡黄色柔毛；花梗被短柄腺体；花萼小，盘状，5 裂；花冠钟形，长 4~4.5cm，5 裂；雄蕊 10 枚，花丝无毛；子房密被棕色绒毛，花柱通体被星状毛及短柄腺体。果被毛及残存腺体。

生境：生于海拔 2 800~3 200m 的山坡林中。

花期：5~6 月。

分布：产四川西南部；凉山州仅分布于会东，野外种群量极小。模式标本采自四川会东。

亚属 1 常绿杜鹃亚属
Subg. *Hymenanthes* (Blume) K. Koch

亚属 2. 长蕊杜鹃亚属 Subg. *Choniastrum* (Franch.) Drude

常绿灌木或小乔木；枝无毛或被短柔毛、腺刚毛。叶常绿（国产种），无鳞片。花序 1 至数朵生枝顶叶腋；花萼裂片大而阔或退化不明显；花冠辐状漏斗形至狭漏斗形，花冠管通常比花冠裂片短，稀较长；雄蕊 5 或 10 枚，不等长，花丝被短柔毛；子房 5 室，无毛或被短柔毛或具短柄腺体，花柱无毛，或具短柄腺体或近基部疏被短刚毛。蒴果圆锥状卵球形或圆柱形，无毛或被微柔毛，稀具腺刚毛。

世界约 19 种，6 变种。我国产 13 种，3 变种；凉山州有 1 种。

长蕊杜鹃组 Sect. *Choniastrum* Franch.

长蕊杜鹃

Rhododendron stamineum Franch.

主要形态特征：常绿灌木或小乔木，幼枝纤细，无毛。叶常轮生枝顶，革质，椭圆形或长圆状披针形，长 6.5~10cm，宽 2~3.5cm，先端渐尖或斜渐尖，上面深绿色，具光泽，下面苍白绿色，两面无毛。花常 3~5 朵簇生枝顶叶腋；花梗无毛；花萼小，微 5 裂；花冠白色，有时蔷薇色，漏斗形，长 3~3.3cm，5 深裂，上方裂片内侧具黄色斑点，花冠管筒状，长 1.3cm，向基部渐狭；雄蕊 10 枚，细长，伸出于花冠外很长，花丝下部被微柔毛或近于无毛；子房无毛，花柱长 4~5cm，超过雄蕊，无毛，柱头头状。蒴果长圆柱形，拱弯，具 7 条纵肋。

生境：生于海拔 500~1 600m 的灌丛或疏林内。

花期：4~5 月。

分布：产安徽、浙江、江西、湖北、湖南、广东、广西、陕西、四川、贵州和云南；凉山州分布于雷波。模式标本采自云南。

亚属 3. 映山红亚属 Subg. *Tsutsusi* (Sweet) Pojarkova

直立灌木或有时较高，枝和小枝被红棕色扁平糙伏毛、腺头刚毛、长柔毛，稀无毛。叶脱落至半宿存或宿存，常被糙伏毛或柔毛，无鳞片。伞形花序顶生，有花 1 至数朵（花序与叶枝出自同一个顶芽）；花萼通常小；花冠漏斗形或辐状钟形或钟状漏斗形，白色至玫瑰色，紫红色或红色，常具斑点，但不具黄色或橙黄色斑点，有明显的花冠管，裂片 5 片，无毛，稀具腺毛；雄蕊 5~10 枚，稀达 12 枚；子房 5 室，常被刚毛、柔毛或腺毛，从不具鳞片。蒴果卵球形、圆锥形或圆锥状卵球形，常具沟槽，被糙伏毛、长柔毛或近于无毛。

全世界约 90 种，我国 72 种，6 变种。凉山州有 3 种。

分种检索表

1. 幼枝及叶片两面密被亮棕色扁平糙伏毛；花冠鲜红色至暗红色 ············ 杜鹃 *R. simsii*
1. 幼枝及叶片两面密被红棕色扁平糙伏毛；花冠粉红色、蔷薇色或近白色。
  2. 花苞片卵形或宽卵形，外面有腺体，花冠粉红色 ········ 腺苞杜鹃 *R. adenobracteum*
  2. 花苞片披针形，外面无腺体 ······························ 亮毛杜鹃 *R. microphyton*

映山红组 Sect. *Tsutsusi* Sweet

杜鹃

***Rhododendron simsii* Planch.**

主要形态特征：落叶灌木，分枝多而纤细，密被亮棕褐色扁平糙伏毛。叶革质，卵形、椭圆状卵形或倒卵形，长 1.5~5cm，宽 0.5~3cm，边缘微反卷，具细齿，上面深绿色，疏被糙伏毛，下面淡白色，密被褐色糙伏毛。花 2~3(~6) 朵簇生枝顶；花梗密被亮棕褐色糙伏毛；花萼 5 深裂，裂片三角状长卵形，长 5mm，被糙伏毛，边缘具睫毛；花冠阔漏斗形，玫瑰色、鲜红色或暗红色，长 3.5~4cm，宽 1.5~2cm，裂片 5 片，上部裂片具深红色斑点；雄蕊 10 枚，花丝线状，中部以下被微柔毛；子房卵球形，10 室，密被亮棕褐色糙伏毛，花柱伸出花冠外，无毛。蒴果密被糙伏毛；花萼宿存。

生境：生于海拔 500~2 500m 的山地疏灌丛或松林下，为我国中南及西南典型的酸性土指示植物。

花期：4~5 月。

分布：产江苏、安徽、浙江、江西、福建、台湾、湖北、湖南、广东、广西、四川、贵州和云南；凉山州分布于会东、会理、西昌、普格、雷波。

亚属 3：映山红亚属
Subg. *Tsusiusi* (Sweet) Pojarkova

映山红组 Sect. *Tsutsusi* Sweet

亮毛杜鹃

Rhododendron microphyton Franch.

主要形态特征：常绿直立灌木；分枝繁多，小枝密被红棕色扁平糙伏毛。叶革质，椭圆形或卵状披针形，长 0.5~3.2cm，宽达 1.3cm，先端尖锐，具短尖头，边缘具细圆齿，上面深绿色，下面淡绿色，两面散生红褐色糙伏毛，沿中脉更明显；叶柄密被红棕色扁平糙伏毛。伞形花序顶生，有花 3~7 朵，稀具 1~2 个侧生花序；花梗密被亮红棕色扁半糙伏毛；花萼小，5 浅裂，裂片披针形，密被红棕色长糙伏毛；花冠漏斗形，蔷薇色或近于白色，长至 2cm，花冠管狭圆筒形，裂片 5 片，开展，上方 3 片裂片具红色或紫色斑点；雄蕊 5 枚，伸出于花冠外，花丝线状，中部以下被微柔毛；子房卵球形，密被亮红棕色长糙伏毛，花柱细长，长过雄蕊，无毛。蒴果卵球形，密被亮红棕色糙伏毛并混生微柔毛，花柱宿存。

生境：生于海拔 1 300~3 200m 的山脊或灌丛中。

花期：4~5 月。

分布：产广西西北部、四川西南部、贵州西部及西南部、云南西北部和西部及东南部；凉山州分布于德昌、会理、西昌、普格、雷波。模式标本采自云南大理。

Subg. *Tsutsusi* (Sweet) Pojarkova 亚属 3 映山红亚属

映山红组 Sect. *Tsutsusi* Sweet

腺苞杜鹃

Rhododendron adenobracteum X. F. Gao et Y. L. Peng

主要形态特征： 常绿直立灌木，高 2~3m，多分枝。小枝密被红棕色糙伏毛。叶片革质，狭椭圆形，长 10~20mm，宽 5~10mm，先端渐尖，基部楔形，两面疏被略开展的红棕色糙毛，背面中脉上毛更密。花 1~3 朵，呈伞形状短总状花序顶生；苞片数枚，卵形或宽卵形，长 4~5mm，宽 3~4mm，外面有腺体；花梗密被红棕色糙毛。化萼小，外面密被棕色糙毛。花冠粉红色，漏斗形，长 15~20mm，冠檐直径 10mm，裂片 5 片，开展，花冠管圆筒形，具紫红色斑点。雄蕊 8~10 枚，与花冠等长。子房卵球形，密被亮棕色糙毛。

生境： 生于海拔 2 300~2 500m 的山脊或灌丛中。

花期： 4~5 月。

分布： 产四川西南部，攀枝花盐边县；凉山州分布于会东。模式标本采自四川盐边。

亚属 4. 杜鹃亚属 Subg. *Rhododendron*

矮至大灌木，少有乔木。植株被鳞片，至少幼枝和叶下面明显被有鳞片，通常在叶上面、花梗、花萼、花冠外、子房、花柱上也被有，通常无毛被，有时有柔毛。叶通常常绿，少有半落叶，通常革质，小至大。花序顶生，少花至多花或单花，伞形总状或短总状；萼片不发育，或短小至宽大，通常 5；花冠小至大，白色、红色、黄色、紫色，漏斗状、钟状、筒状、高脚碟状，稀辐状，内面常有各色斑；雄蕊 10 (~5) 枚，少有 8~27 枚；子房 5~6 室，少有多至 12 室，花柱细长、劲直或短而强度弯弓。蒴果长圆形或卵球形，密被鳞片。

杜鹃亚属约 500 种，我国有 184 种，主要集中产西南地区，零星分布于中部和东部。

杜鹃组 Sect. *Rhododendron*

小至大灌木或小乔木，通常常绿，少有半落叶，少数种类附生。花序顶生，或同时有 2~3 个侧生花芽出自枝顶叶腋；花小至大；花萼短小成檐状或裂片发达呈叶状；花冠漏斗状、钟状或筒状；雄蕊通常 10 枚，通常伸花冠筒部；花柱细长劲直或短而强度弯弓，洁净或基部被鳞片或短柔毛。种子有翅或无翅，通常两端有鳍状窄翅。

分组检索表

1. 蒴果果瓣柔软，蒴果开裂后常扭曲；种子两端具长于种子本身的尾状附属物 ·············
·· 3. 越橘杜鹃组 Sect. *Vireya*

1. 蒴果果瓣木质坚硬，种子周边具鳍状窄翅。

  2. 花冠短小，高脚碟状；雄蕊通常 5 枚；雄蕊和花柱内藏 ·····························
·· 2. 髯花杜鹃组 Sect. *Pogonanthum*

  2. 花冠较长大，漏斗状、钟状或筒状；雄蕊通常 10 枚；雄蕊和花柱伸出花冠筒，稀短于筒部 ····························· 1. 杜鹃组 Sect. *Rhododendron*

分亚组检索表

1. 幼枝和叶柄被柔毛和分枝糙硬毛；叶片两面多少有毛 ···························
·· 7. 糙叶杜鹃亚组 Subsect. *Scabrifolia*

1. 幼枝和叶柄被刚毛或柔毛，无分枝糙硬毛；叶片两面通常无毛，有时沿叶缘、叶脉有柔毛。

  2. 花柱下部通常被鳞片，稀无鳞；花萼通常发达，具长圆形或卵圆形裂片 ·············
·· 2. 有鳞大花杜鹃亚组 Subsect. *Maddenia*

  2. 花柱无鳞片，有时下部具短柔毛；花萼通常不发育，稀达 2~4mm。

    3. 花冠漏斗状至宽漏斗状，较大，通常大于 3cm。

      4. 小至中等灌木，直立，叶片较大。

        5. 花序有（1~）3~5（~7）朵花；花冠外面通常疏被鳞片或无毛。

6. 通常为附生灌木，幼枝具刚毛；叶片硬革质，边缘具刚毛 ⋯⋯⋯⋯⋯⋯⋯⋯
⋯⋯⋯⋯⋯⋯⋯⋯⋯⋯⋯⋯⋯⋯1. 川西杜鹃亚组 Subsect. *Moupinensia*
6. 陆生中型灌木，幼枝通常无刚毛；叶片革质，边缘无刚毛 ⋯⋯⋯⋯⋯⋯
⋯⋯⋯⋯⋯⋯⋯⋯⋯⋯⋯⋯⋯ 3. 三花杜鹃亚组 Subsect. *Triflora*
5. 花序有 4~10 朵花；花冠外面被鳞片，管部更密 ⋯⋯⋯⋯⋯⋯⋯⋯⋯⋯
⋯⋯⋯⋯⋯⋯⋯⋯⋯⋯⋯⋯⋯⋯4. 亮鳞杜鹃亚组 Subsect. *Heliolepida*
4. 矮小灌木，植株通常平卧；通常分枝密集呈垫状；叶片小。
7. 花序顶生，1 至数朵花组成伞形总状花序 ⋯⋯⋯⋯⋯⋯⋯⋯⋯⋯⋯⋯
⋯⋯⋯⋯⋯⋯⋯⋯⋯⋯⋯⋯⋯ 5. 高山杜鹃亚组 Subsect. *Lapponica*
7. 花序生于枝顶和上部叶腋，2~5 朵花，数朵花簇生 ⋯⋯⋯⋯⋯⋯⋯⋯
⋯⋯⋯⋯⋯⋯⋯⋯⋯⋯⋯6. 腋花杜鹃亚组 Subsect. *Rhodobotry*

亚组 1. 川西杜鹃亚组 Subsect. *Moupinensia* (Hutch.) Sleumer

常绿小灌木，通常附生。幼枝有鳞片，密生或疏生刚毛，老枝宿存刚毛或无毛。叶革质，边缘反卷，有缘毛，下面密被鳞片；叶柄密生刚毛。花序顶生，1~2 朵花伞形着生；花萼发育，5 裂；花冠宽漏斗形，白色、淡红色或玫红色，外面无鳞片；雄蕊 10 枚，花丝下部被毛；子房 5 室，密被鳞片，花柱细长，劲直，无鳞片，无毛或基部有短柔毛。蒴果长圆形或椭圆形。种子有翅或有鳍状物。

本亚组共 3 种，为我国特产，分布于四川西部；凉山州有 1 种。

川西杜鹃亚组 Subsect. *Moupinensia* (Hutch.) Sleumer

宝兴杜鹃

***Rhododendron moupinense* Franch.**

主要形态特征：灌木，有时附生，高 1~1.5m。枝条幼枝有鳞片，密被褐色刚毛。叶片革质，长圆状椭圆形或卵状椭圆形，长 2~4cm，宽 1.2~2.3cm，边缘通常反卷，具缘毛，下面密被褐色鳞片，鳞片小，略不等大，相距为其直径或相互邻接；叶柄长 3~7mm，密被褐色刚毛。花序顶生，1~2 朵花伞形着生；花梗被鳞片，被短柔毛或刚毛；花萼 5 裂，长 2~4mm，下部连合，外面被鳞片，具缘毛；花冠宽漏斗状，长约 4cm，白色或带淡红色，内有红色斑点；雄蕊 10 枚，短于花冠，花丝下部有开展的白色柔毛；子房密被鳞片，花柱伸出，略长于花冠，洁净。蒴果卵形，被宿存萼。

生境：通常附生于林中树上，或生于岩石上，海拔 1 900~2 000m。

花期：4~5 月。

分布：产四川东南部至中西部，贵州，云南东北部；凉山州分布于雷波。模式标本采自四川宝兴。

亚组 2. 有鳞大花杜鹃亚组 Subsect. *Maddenia* (Hutch.) Sleumer

中等大小至大灌木或小乔木，常绿，附生或地生。幼枝被鳞片，有时有毛。叶革质，下面通常密被大小不等的鳞片。花序顶生，1 至多朵花，伞形或短总状着生；花萼发育或不发育，裂片大者通常无缘毛，短小者常有长缘毛；花冠在本亚属中最长大，外面通常有鳞片，筒部常有柔毛；雄蕊 10~25 枚，通常 10 枚，花丝下部密被柔毛，稀无毛；子房 5~12 室，通常 5~6 室，密被鳞片，花柱伸长，稀短于雄蕊，略弯，下部或基部总是有鳞片，稀光滑。蒴果通常大，卵状长圆形、卵球形或圆筒形，密被鳞片。

本亚组约 44 种，我国产 32 种；凉山州有 1 种。

有鳞大花杜鹃亚组 Subsect. *Maddenia* (Hutch.) Sleumer

云上杜鹃

Rhododendron pachypodum Balf. f. et W. W. Smith

主要形态特征: 小灌木，幼枝密被褐色鳞片，无毛。叶椭圆形、长椭圆状披针形，革质，长 6~11cm，宽 2~5cm，有时幼叶边缘疏生长睫毛，下面带灰白色，密被褐色或红褐色大小不等的鳞片，相距小于直径或近于邻接；叶柄长 0.6~1.6cm，密被鳞片，有时生长纤毛。花序顶生，2~4 朵花伞形着生，通常 3 朵花；花梗长 0.5~1cm，密被鳞片；花萼不发育，被鳞片，具 5 片短浅的圆裂片，边缘具长睫毛；雄蕊 10 枚，花丝下部被柔毛；子房密被鳞片，花柱稀长于花冠，下部被鳞片。蒴果卵形，花萼宿存。

生境: 生于干燥山坡灌丛或山坡杂木林下、石山阳处，海拔 1 200~2 800m。

花期: 3~5 月。

分布: 产云南大部分地区；凉山州分布于布拖，为四川分布新纪录。模式标本采自云南大理。

1cm

亚组 3. 三花杜鹃亚组 Subsect. *Triflora* (Hutch.) Sleumer

常绿灌木，极少落叶、半落叶，稀小乔木。幼枝被鳞片或腺体状鳞片，通常无毛，稀被微柔毛、短柔毛或刚毛。叶通常两面被鳞片，成长叶上面通常无鳞片，下面被疏、密及大小不等的鳞片，两面无毛，稀上面有细刚毛或中脉有微柔毛，或下面中脉被短柔毛。花序顶生或同时枝顶叶腋生，花序轴长仅几毫米，花少至多数，通常 3 朵花；花萼不发育；花冠宽漏斗状，略两侧对称，各种红或紫、白或黄色；雄蕊 10 枚，花丝下部通常有毛；子房 5 室，密被鳞片。蒴果通常长圆形或长圆状卵球形。

本亚组共 24 种，我国有 23 种；凉山州有 11 种。

分种检索表

1. 幼枝被鳞片，密被柔毛及长硬毛；叶片两面密被柔毛或至少叶脉密被绒毛。

  2. 叶柄密被细刚毛及鳞片；花梗、花萼及子房密被细刚毛 ·················
·· 长毛杜鹃 R. trichanthum

  2. 叶柄密被短柔毛，花梗、花萼近无毛或被疏柔毛，子房无毛或仅基部被毛 ·······
·· 毛肋杜鹃 R. augustinii

1. 幼枝被鳞片，通常无毛或微被柔毛；叶片两面无毛或仅叶缘被睫毛。

  3. 整个叶片呈 V 形凹 ······················ 凹叶杜鹃 R. davidsonianum

  3. 叶片平展。

    4. 花冠黄色。

      5. 叶片纸质，长圆状披针形或卵状披针形，顶端尾尖，下面绿色，鳞片相距为其直径的 1/2 至 6 倍 ······················ 黄花杜鹃 R. lutescens

      5. 叶片革质，椭圆形或卵状披针形，顶端锐尖或钝，下面灰绿色，鳞片相距为其直径或小于直径 ······················ 问客杜鹃 R. ambiguum

    4. 花冠粉红色、紫红色或白色。

      6. 叶下面鳞片疏生，相距为其直径的（1~）2~4（~8）倍 ·················
·· 云南杜鹃 R. yunnanense

      6. 叶下面鳞片密生，相距为其直径或不及或相邻接。

        7. 花冠短小，长 1.5~1.8cm ·············· 硬叶杜鹃 R. tatsienense

        7. 花冠较大，长 2.5~3.5cm。

          8. 叶片下面鳞片大小不等，大鳞片颜色深，散生，常彼此邻接或覆瓦状。

            9. 叶片下面鳞片无光泽，大鳞片褐色，小鳞片淡褐色；花冠深紫红色至淡紫红色，外被较密的鳞片 ·············· 多鳞杜鹃 R. polylepis

            9. 叶片下面鳞片铁锈色至褐色，有光泽；花冠白色、淡红色、紫红色，外面无鳞片或裂片疏生鳞片 ·············· 锈叶杜鹃 R. siderophyllum

          8. 叶片下面鳞片小到中型，大小近相等。

           10. 花萼短小，但通常发育成不等的 5 裂；花冠外被鳞片 ·············
·· 秀雅杜鹃 R. concinnum

           10. 花萼短小，通常不发育，环状或波状 5 裂；外面洁净 ·············
·· 山育杜鹃 R. oreotrephes

三花杜鹃亚组 Subsect. *Triflora* (Hutch.) Sleumer

毛肋杜鹃

Rhododendron augustinii Hemsl.

主要形态特征：灌木，幼枝被鳞片，密被柔毛或长硬毛。叶椭圆形或长圆状披针形，长 3~7cm，宽 1~3.5cm，上面疏生或密被鳞片，被短柔毛，下面密被不等大的鳞片，沿中脉主要在下半部密被黄白色柔毛，毛被通常延伸至叶柄；叶柄密被短柔毛或微硬毛。花序顶生，2~6 朵花；花梗疏生鳞片，通常被疏柔毛，花萼外面通常有密鳞片，密毛，通常有缘毛；花冠宽漏斗状，长 3~3.5cm，淡紫色或白色，5 裂至中部；雄蕊长伸出，花丝下部密被长柔毛；子房密被鳞片，花柱细长，常伸出花冠外。

生境：生于海拔 1 000~2 100m 的山谷、山坡林中、山坡灌木林或岩石上。

花期：4~5 月。

分布：产陕西南部、湖北西部、四川中至东部；凉山州分布于西昌、德昌、普格、布拖、金阳、昭觉、冕宁、美姑、雷波。模式标本采自湖北巴东。

三花杜鹃亚组 Subsect. *Triflora* (Hutch.) Sleumer

凹叶杜鹃

Rhododendron davidsonianum Rehd. et Wils.

主要形态特征：灌木，幼枝细长，疏生鳞片。叶披针形或长圆形，长 2.5~6cm，宽 1~2cm，整个叶片呈 V 形凹，下面密被鳞片，鳞片不等大，黄褐色，相距为其直径或 4 倍或邻接。花序顶生或同时枝顶腋生，3~6 朵花，花梗疏生鳞片；花萼环状，被鳞片；花冠宽漏斗状，长 2.5~3cm，淡紫白色或玫瑰红色，内面有红色、黄色斑点；雄蕊伸出花冠外，花丝下部有短柔毛；子房密被鳞片，花柱细长，伸出花冠外，洁净。蒴果长圆形被鳞片。

生境：生于灌丛、林间空地或松林，海拔 1 500~3 600m。

花期：4~5 月。

分布：产四川西南或西北部；凉山州分布于木里、雷波、美姑。模式标本采自四川康定。

三花杜鹃亚组 **Subsect. *Triflora* (Hutch.) Sleumer**

黄花杜鹃

Rhododendron lutescens **Franch.**

　　主要形态特征: 灌木，高 1~3m。叶散生，纸质，披针形、长圆状披针形或卵状披针形，长 4~9cm，宽 1.5~2.5cm，顶端长渐尖或近尾尖，具短尖头，基部圆形或宽楔形，上面疏生鳞片，下面鳞片黄色或褐色，相距为其直径的 1/2 至 6 倍。花 1~3 朵顶生或生枝顶叶腋；宿存的花芽鳞覆瓦状排列；花萼不发育，波状 5 裂或环状，密被鳞片，无缘毛或偶有缘毛；花冠宽漏斗状，略呈两侧对称，长 2~2.5cm，黄色，5 裂至中部，外面疏生鳞片，密被短柔毛；雄蕊不等长，长雄蕊伸出花冠很长；子房密被鳞片，花柱细长，洁净。

　　生境: 生于灌丛、林间空地，海拔 1 700~2 000m。

　　花期: 4~5 月。

　　分布: 产四川西南或西北部；凉山州分布于木里、雷波、美姑。模式标本采自四川宝兴。

三花杜鹃亚组 Subsect. *Triflora* (Hutch.) Sleumer

问客杜鹃

Rhododendron ambiguum Hemsl.

主要形态特征：灌木，幼枝细长，密被腺体状鳞片。叶革质，卵状披针形或长圆形，长 4~8cm，宽 1.8~3cm，上面被鳞片，下面灰绿色，被黄褐色鳞片，鳞片不等大，相距为其直径或小于直径；叶柄密被腺鳞。花序顶生，稀同时腋生枝顶，3~4（~7）朵花；花梗被鳞片；花萼环状，被鳞片；花冠黄色、淡黄色或淡绿黄色，内面有黄绿色斑点和微柔毛，宽漏斗状，长 3~3.5cm，外面被鳞片；花丝下部密被短柔毛；子房密被鳞片，花柱细长，伸出花冠外，洁净。

生境：生于海拔 2 300~4 500m 的杜鹃花灌丛中。

花期：4~5 月。

分布：产四川中部及西部；凉山州分布于木里、雷波、美姑。模式标本采自四川西部（无确切产地）。

三花杜鹃亚组 Subsect. *Triflora* (Hutch.) Sleumer

云南杜鹃

Rhododendron yunnanense Franch.

主要形态特征：落叶、半落叶或常绿灌木，偶成小乔木。叶片长圆形、长圆状披针形或倒卵形，长 2.5~7cm，宽 0.8~3cm，上面无鳞片或疏生鳞片，下面网脉纤细而清晰，疏生鳞片，相距为其直径的 2~6 倍，边缘无或疏生刚毛；叶柄疏生鳞片，被短柔毛或有时疏生刚毛。花序顶生或同时枝顶腋生，3~6 朵花；花梗疏生鳞片或无鳞片；花萼环状或 5 裂；花冠宽漏斗状，长 1.8~3.5cm，白色、淡红色或淡紫色，内面有红色、红褐色、黄色或黄绿色斑点，外面无鳞片或疏生鳞片；花丝下部或多或少被短柔毛；子房密被鳞片，花柱伸出花冠外，洁净。

生境：生于山坡杂木林、灌丛、针叶林缘，海拔 1 600~4 000m。

花期：4~5 月。

分布：产陕西南部、四川西部、贵州西部、云南及西藏东南部；凉山州分布广，常见于西昌、木里、盐源、普格、布拖、冕宁、越西、雷波。模式标本采自云南鹤庆大坪子蘑菇场。

三花杜鹃亚组 Subsect. *Triflora* (Hutch.) Sleumer

秀雅杜鹃

Rhododendron concinnum Hemsl.

主要形态特征：灌木，幼枝被鳞片。叶长圆形、长圆状披针形或卵状披针形，长 2.5~7.5cm，宽 1.5~3.5cm，上面或多或少被鳞片，下面密被鳞片，鳞片中等大小或大，扁平，有明显的边缘，相距为其直径之半或邻接。花序顶生或同时枝顶腋生，2~5 朵花，伞形着生；花萼小，5 裂，有时花萼不发育呈环状，无缘毛或有缘毛；花冠宽漏斗状，长 1.5~3.2cm，紫红色、淡紫色或深紫色；雄蕊不等长，花丝下部被疏柔毛；子房 5 室，密被鳞片，花柱细长，洁净，稀基部有微毛，略伸出花冠。

生境：生于山坡灌丛、冷杉林带、杜鹃花林，海拔 2 300~3 800m。

花期：4~6 月。

分布：产陕西南部、河南、湖北西部、四川、贵州（水城）、云南东北部；凉山州分布广，常见于西昌、盐源、普格、布拖、冕宁、越西、雷波、木里。模式标本采自四川峨眉山。

三花杜鹃亚组 Subsect. *Triflora* (Hutch.) Sleumer

山育杜鹃

Rhododendron oreotrephes W. W. Smith

主要形态特征：常绿灌木，幼枝紫红色，疏生鳞片。叶片椭圆形、长圆形或卵形，长 1.8~6cm，宽 1.4~3.5cm，顶端钝圆，具短尖头，上面无鳞片，下面粉绿色或褐色，密被黄褐色或褐色鳞片，鳞片近等大，小至中等大小，相距小于直径至近邻接。花序顶生或同时枝顶腋生，短总状，3~5 朵花；花梗紫红色，疏生鳞片；花萼波状 5 裂或近于环状；花冠宽漏斗状，长 1.8~3cm，略两侧对称，淡紫色、淡红色或深紫红色，5 裂至近中部，外面洁净，裂片圆卵形；雄蕊不等长，花丝基部被开展的短柔毛；子房 5 室，密被鳞片，花柱光滑。

生境：生于针叶-落叶阔叶混交林或冷杉林缘，海拔 2 100~3700m。

花期：5~7 月。

分布：产四川西南部、云南西北及东北部、西藏东南部；凉山州常见于盐源、木里。模式标本采于云南丽江。

亚属 4 杜鹃亚属
Subg. *Rhododendron*

硬叶杜鹃

Rhododendron tatsienense Franch.

主要形态特征：灌木，幼枝暗紫红色，被鳞片。叶椭圆形或椭圆状披针形，长 2~7cm，宽 1~3cm，顶端明显具短尖头，上面密被或疏被小鳞片，下面密被小鳞片，鳞片略不等大，褐色，下陷状，相距为其直径或直径之半。花序顶生或同时枝顶腋生，短总状，2~4 朵花；花萼环状或波状浅裂，密被鳞片，无缘毛；花冠小，宽漏斗状，长 1.2~2.5cm，淡红色或玫瑰红色，外面疏生鳞片；雄蕊不等长，长雄蕊稍长过花冠，花丝基部密被短柔毛；子房 5 室，密被鳞片，花柱细长，伸出花冠，洁净。

生境：生于松林、混交林或山谷边灌丛，海拔 2 300~3 600m。

花期：4~6 月。

分布：产四川北部及西南部、云南西北部及东北部；凉山州分布广，常见于西昌、盐源、普格、木里、会理、昭觉、冕宁。模式标本采于四川康定。本书作者对西昌杜鹃（*R. xichang* Z. J. Zhao）存疑，在此将其作为硬叶杜鹃的同物异名处理。

119

三花杜鹃亚组 **Subsect. *Triflora* (Hutch.) Sleumer**

多鳞杜鹃

***Rhododendron polylepis* Franch.**

主要形态特征：灌木或小乔木，幼枝细长，密被鳞毛。叶革质，长圆形或长圆状披针形，长 4.5~11cm，宽 1.5~3cm，上面深绿色，幼叶密被鳞片，下面密被鳞片，鳞片无光泽，大小不等，大鳞片褐色，散生，小鳞片淡褐色，彼此邻接或覆瓦状或相距为其直径之半。花序顶生，稀同时腋生枝顶，3~5 朵花；花萼不发育，三角形或波状，密被鳞片；花冠宽漏斗状，长 2~3.5cm，淡紫红或深紫红色，外面密生或散生鳞片；雄蕊不等长，伸出花冠外；子房 5 室，密被鳞片，花柱细长，伸出花冠外，洁净。

生境：生于林内或灌丛，海拔 1 500~3 300m。

花期：4~6 月。

分布：产陕西南部、甘肃南部、四川北部至西南部；凉山州分布于甘洛、越西、雷波、美姑。模式标本采于四川宝兴。

121

亚属 4 杜鹃亚属
Subg. *Rhododendron*

三花杜鹃亚组 Subsect. *Triflora* (Hutch.) Sleumer

锈叶杜鹃

Rhododendron siderophyllum Franch.

主要形态特征：灌木，幼枝褐色，密被鳞片。叶散生，叶片椭圆形或椭圆状披针形，长 3~7cm，宽 1.2~3.5cm，上面密被下陷的小鳞片，下面密被褐色鳞片，鳞片小或中等大小，等大或略不等大，下陷，相距为其直径的 1/2~1 倍，或相邻接。花序顶生或同时腋生枝顶，短总状，3~5 朵花；花萼不发育，环状或略呈波状 5 裂，密被鳞片；花冠筒状漏斗形，较小，长 1.6~3cm，白色、淡红色、淡紫色或偶见玫红色；雄蕊不等长，伸出花冠外；子房 5 室，密被鳞片，花柱细长、洁净，伸出花冠外。

生境：生于山坡灌丛、杂木林或松林，海拔 1 200~3 000m。

花期：3~6 月。

分布：产四川西南部、贵州、云南；凉山州分布于甘洛、越西、雷波、美姑、木里、金阳。模式标本采于云南昆明。

三花杜鹃亚组 Subsect. *Triflora* (Hutch.) Sleumer

长毛杜鹃

Rhododendron trichanthum Rehd.

主要形态特征：灌木，幼枝被鳞片，密生刚毛及短柔毛。叶长圆状披针形或卵状披针形，长4~11cm，宽1.5~3.5cm，上面疏生鳞片，伏生细刚毛和短柔毛或完全无毛，下面鳞片不等大，黄褐色，相距为其直径的1~4倍，被细刚毛和短柔毛，中脉上尤密；叶柄有鳞片，密被刚毛和短柔毛。花序顶生，2~3朵花，伞形着生或短总状；花梗有鳞片，密被毛；花萼不发育，有鳞片，密生刚毛；花冠宽漏斗状，长2.5~3.5cm，浅紫色、蔷薇红色或白色，外面有鳞片，筒部有刚毛；花丝下部密被短柔毛；子房5室，密被鳞片及刚毛，花柱细长，伸出花冠外，洁净。

生境：生于灌丛和林内，海拔1 600~3 650m。

花期：3~6月。

分布：产四川西部；凉山州分布于冕宁等。模式标本采于四川西部。

125

亚属4 杜鹃亚属 Subg. *Rhododendron*

亚组 4. 亮鳞杜鹃亚组 Subsect. *Heliolepida* (Hutch.) Sleumer

常绿灌木或小乔木。幼枝有鳞片；叶革质，揉碎通常很香，下面被大鳞片。花序顶生，短总状伞形，花少至多数；花萼不发育，5 齿裂或波状；花冠宽漏斗状或漏斗状钟形，淡红色或深紫红色，外面明显有鳞片；雄蕊 10 枚，不等长，花丝下部被毛；子房 5 室，密被鳞片，花柱细长，劲直，无鳞片，无毛或基部有短柔毛。蒴果长圆形。

本亚组共 5 种，中国全有；凉山州有 2 种。

分种检索表

1. 叶片下面鳞片大小近等，大型，淡黄色或金黄色，相距为其直径的 0.5~2 倍 ·············
·· 亮鳞杜鹃 *R. heliolepis*
1. 叶片下面鳞片大小显著不等，锈红色或红褐色，小型鳞片重叠 ·····················
··· 红棕杜鹃 *R. rubiginosum*

亮鳞杜鹃亚组 Subsect. *Heliolepida* (Hutch.) Sleumer

红棕杜鹃

Rhododendron rubiginosum Franch.

主要形态特征：常绿灌木，幼枝有鳞片。叶通常向下倾斜，椭圆形、椭圆状披针形，长 3.5~8cm，宽 1.3~3.5cm，上面密被鳞片，以后渐疏，下面密被锈红色鳞片，鳞片通常腺体状，大鳞片色较深，褐红色或黑褐色，散生但常密生于中脉两侧，小鳞片覆瓦状排列或相距为其直径之半。花序顶生，5~7 朵花，花梗密被鳞片；花萼短小，边缘状或浅 5 圆裂，密被鳞片；花冠宽漏斗状，长 2.5~3.5cm，淡紫色、紫红色、玫瑰红色、淡红色，少有白色带淡紫色晕，内有斑点，外面被疏散的鳞片；雄蕊 10 枚，花丝下部被短柔毛；子房 5 室，有密鳞片，花柱洁净。

生境：生于云杉、冷杉、落叶松林林缘或林间间隙地，常成群落中的优势种，海拔 2 500~4 200m。

花期：4~6 月。

分布：产四川西南部、云南西北部至东北部、西藏东南部；凉山州分布广，常见于西昌、越西、冕宁、德昌、甘洛、普格、布拖、会东、会理、美姑。模式标本采于云南大理苍山。

亮鳞杜鹃亚组 Subsect. *Heliolepida* (Hutch.) Sleumer

亮鳞杜鹃

Rhododendron heliolepis Franch.

主要形态特征：常绿灌木，有时长成小乔木。叶有浓烈香气，通常向下倾斜着生，长圆状椭圆形、椭圆状披针形，长 5~12.5cm，宽 1.7~4cm，上面幼时密被鳞片，以后渐疏，下面淡褐色或淡黄绿色，鳞片近等大，薄片状，扁平或中心凹下，大而贴生，淡黄绿色或灰白色，鳞片相距变化大。花序顶生，5~7 朵花；花梗细长，密被鳞片；花萼边缘浅波状，外面密生鳞片；花冠钟状，长 2.5~3.5cm，粉红色、淡紫红色或偶为白色，内有紫红色斑，外面疏被或密被鳞片；雄蕊 10 枚，通常不超出花冠，花丝下半部有密而长的粗毛；子房密被鳞片。

生境：生于针-阔叶混交林、冷杉林缘、杜鹃花林，海拔 3 000~4 000 m。

花期：7~8 月。

分布：产四川西南部、云南中部至西北部、西藏东南部；凉山州分布于木里、西昌。模式标本采自云南鹤庆瓜拉坡。

亚组 5. 高山杜鹃亚组 Subsect. *Lapponica* (I. B. Balf. f) Sleumer

常绿小灌木,分枝密集,常缠结成垫状。叶小型,下面表皮细胞具有脊状纹的乳突,鳞片密集或稍有间距,同色或二色,具有宽而波状的边缘。花序顶生,1 至数朵花组成伞形总状花序;花梗短;萼明显 5 裂;花冠漏斗状;雄蕊 5~10 枚;子房 5 室,被鳞片。蒴果短小。种子无翅,有不明显的鳍状物。

本亚组共有 40 种,我国有 39 种;凉山州有 8 种,1 亚种,1 变种,本次野外调查有 7 种,1 亚种,1 变种。

分种检索表

1. 叶下面为一色鳞片。

  2. 雄蕊短于花管,通常隐藏在花冠内 ························ 隐蕊杜鹃 *R. intricatum*

  2. 雄蕊长于花管,通常伸出花冠或与花冠近等长。

    3. 叶片下面鳞片黄褐色或琥珀色,排列不密集,相距有明显的间距 ·············

    ·· 粉紫杜鹃 *R. impeditum*

    3. 叶片下面鳞片深褐色至铁锈色,排列通常紧密,相互覆盖或稍分开。

      4. 花鲜黄色;叶片长 2~3.5cm ···················· 冕宁杜鹃 *R. mianningense*

      4. 花深紫色至淡紫色,叶片长 8~20mm。

        5. 叶片上面的鳞片淡白色 ···················· 永宁杜鹃 *R. yungningense*

        5. 叶片上面的鳞片琥珀色 ················ 暗叶杜鹃 *R. amundsenianum*

1. 叶下面为两色鳞片。

  6. 叶片下面鳞片为均等的二色鳞片 ··············· 木里多色杜鹃 *R. rupicola* var. *muliense*

  6. 叶片下面鳞片为不均等的二色鳞片,深色鳞片较少。

    7. 直立灌木;每花序有(1~)2~4(~5)朵花 ··············· 直枝杜鹃 *R. orthocladum*

    7. 分枝密集,常呈垫状;每花序有 1~2(~3)朵花。

      8. 叶片披针形、狭椭圆形至长卵圆形,下面大多数鳞片淡黄色,混杂少至多数片暗褐色至黑色鳞片 ·················· 草原杜鹃 *R. telmateium*

      8. 叶片椭圆形、卵形至圆形,下面鳞片金黄色至褐色,淡色较多 ·················

      ·································· 南方雪层杜鹃 *R. nivale* subsp. *australe*

高山杜鹃亚组 Subsect. *Lapponica* (I. B. Balf. f) Sleumer

暗叶杜鹃

Rhododendron amundsenianum Hand.-Mazz.

主要形态特征：常绿灌木，高 0.3~0.9m。幼枝密被暗褐色脱落性的鳞片。叶柄长 1~2mm，被鳞片。叶片革质，长圆形、椭圆形倒卵形，长 9~20mm，宽 5~10mm，顶端圆形，具短突尖，基部宽楔形，上面具光泽，被琥珀色鳞片，鳞片邻接或叠置，下面鳞片均为锈褐色，邻接或有的梢不邻接，具狭的半透明、金黄色边沿。伞形总状花序顶生，具花（2~）3~4 朵，花梗长 2~3mm，密被鳞片；花萼长 4~6mm，裂片长圆形或披针形，其中央具一鳞片带，边缘被缘毛；花冠宽漏斗形，紫色，长 1.8~2.5cm，外面具鳞片，内面喉部具密柔毛，中下部 5 裂，裂片椭圆形，开展；雄蕊 10 枚，长 1~1.5cm，基部密被白色绒毛；子房密被鳞片，花柱基部疏被柔毛。蒴果长卵形，被鳞片。

生境：生于海拔 3 900~4 250m 的山坡灌木丛中。

花期：5~6 月。

分布：产四川西南部，凉山州主要分布在西昌、会理等。模式标本采自四川西昌螺髻山。

高山杜鹃亚组 Subsect. *Lapponica* (I. B. Balf. f) Sleumer

隐蕊杜鹃

Rhododendron intricatum Franch.

主要形态特征：常绿小灌木，分枝密集而缠结，密被黄褐色鳞片。叶片长圆状椭圆形至卵形，长5~12mm，宽3~7mm，上面灰绿色，无光泽，金黄色，边缘密被透明的鳞片，下面浅黄褐色，鳞片淡金黄色，常重叠。顶生花序伞形总状，有花2~5朵，花芽鳞常宿存；花萼小，带红色，裂片三角形至长圆形，外面无毛，常被疏鳞片；花冠小，管状漏斗形，长8~12mm，蓝色至淡紫色；雄蕊约10枚，不等长，短于花管，花丝近基部被毛；子房密被淡色鳞片，花柱短于雄蕊，洁净。

生境：生于针-阔叶混交林、冷杉林缘、杜鹃花林，海拔3 000~4 000 m。

花期：5~6月。

分布：产四川西南部、云南中部至西北部、西藏东南部；凉山州分布于木里、西昌。模式标本采自云南鹤庆瓜拉坡。

134

高山杜鹃亚组 Subsect. *Lapponica* (I. B. Balf. f) Sleumer

木里多色杜鹃

Rhododendron rupicola W. W. Smith var. *muliense*
(Balf. f. et Forrest) Philipson et M. N. Philipson

主要形态特征：常绿小灌木，分枝多，密集。幼枝被暗褐色至暗黑色鳞片。叶宽椭圆形、长圆形或卵形，长 6.5~21mm，宽 3~12.7mm，上面暗灰色，被邻接或稍分开的淡琥珀色鳞片，并常间有暗色鳞片，下面淡黄褐色，具二色、约等量的鳞片，暗褐色或琥珀色同金黄色鳞片混生，相重叠或稍分开。花序顶生，有花 2~6 朵或更多朵；花萼发达，暗红紫色，裂片被 宽的中央淡色鳞片带，边缘具鳞片及睫毛；花冠宽漏斗状，长 10~16mm，鲜黄色；雄蕊 5~10 枚，数目多变，花丝近基部有毛；子房被毛及淡色鳞片，花柱多少被毛。

生境：生于针-阔叶混交林、冷杉林缘、杜鹃花林，海拔 3 000~4 000 m。

花期：5~7 月。

分布：产四川西部和西南部，云南中部、北部和西北部，西藏东南部；凉山州分布于冕宁、越西。模式标本采自云南丽江。

高山杜鹃亚组 **Subsect. *Lapponica* (I. B. Balf. f) Sleumer**

南方雪层杜鹃

Rhododendron nivale* Hook. f. subsp. *australe

Philipson et M. N. Philipson

主要形态特征：常绿小灌木，分枝多而稠密，常直立。幼枝褐色，密被黑锈色鳞片。叶革质，椭圆形、卵形，长 3.5~12mm，宽 2~5mm，顶端尖，上面暗灰绿色，被灰白色或金黄色的鳞片，下面绿黄色至淡黄褐色，被淡金黄色和深褐色两色鳞片，相混生、邻接或稍不邻接，淡色鳞片常较多。花序顶生，有 1~2（~3）朵；花萼发达，外面通常具 条中央鳞片带，花冠宽漏斗状，长 9~14mm，粉红色，丁香紫色至鲜紫色；雄蕊（8~）10 枚，约与花冠等长，花丝近基部被毛。子房被鳞片，花柱通常长于雄蕊，上部稍弯斜。

生境：生于山坡灌丛草地、高山草甸、高山沼泽、湖泊岸边或林缘，海拔 3 100~4 500m。

花期：5~8 月。

分布：产云南西北部、四川西南部；凉山州分布于木里。模式标本采自云南澜沧江与金沙江分水岭的灶岩哨。

1cm

5mm

高山杜鹃亚组 Subsect. *Lapponica* (I. B. Balf. f) Sleumer

粉紫杜鹃

Rhododendron impeditum Balf. f. et W. W. Smith

主要形态特征：常绿小灌木，多分枝而稠密常成垫状。叶革质，卵形、椭圆形至长圆形，长5~14mm，宽3~6mm，上面暗绿色，被不邻接的灰白色鳞片，下面灰绿色，具同一的鳞片，鳞片黄褐色或琥珀色，有光泽，相互明显有间距。花序顶生，3~4朵花；花萼长2.5~4mm，裂片长圆形，被鳞片，从基部到顶部的中央形成一鳞片带，边缘常具少数鳞片，具长缘毛；花冠宽漏斗状，长8~15mm，紫色、紫堇色至玫瑰淡紫色；花丝下部被毛；子房被灰白色鳞片，花柱长度多变，长于雄蕊或较短，基部有毛或无。

生境：生于山坡灌丛草地、高山草甸、高山沼泽、湖泊岸边或林缘，海拔3 100~4 500m。

花期：5~6月，有时9~10月二次开花。

分布：产云南西北部、四川西南部；凉山州分布于木里。模式标本采自云南澜沧江与金沙江分水岭的灶岩哨。

1cm

1cm

1cm

1cm

1cm

5mm

2mm

高山杜鹃亚组 Subsect. *Lapponica* (I. B. Balf. f) Sleumer

永宁杜鹃

Rhododendron yungningense Balf. f. ex Hutch.

主要形态特征：常绿小灌木，分枝密集。叶散生于枝上，叶片近革质，椭圆形、长圆形至长圆状披针形，长 8~20mm，宽 4~8mm，上面灰色或暗绿色，无光泽，被相邻接的淡白色鳞片，下面淡绿色，被褐色至铁褐色鳞片，鳞片常邻接或有时稍重叠。花序顶生，有花 3~4 朵；花萼长 2~3mm，裂片常不等大，近基部及中央部分常有淡色鳞片；花冠宽漏斗状，长 11~15mm，深紫蓝色、玫瑰淡紫色或罕为白色；雄蕊（8~）10（~12）枚，不等长，稍短于花冠，花丝下部常被柔毛；子房被灰白色鳞片，花柱光滑。

生境：生于高山草坡、岩坡及杜鹃花灌丛中，海拔 3 200~4 300m。

花期：5~6 月。

分布：产四川西南部、云南西北部及北部；凉山州分布于盐源、木里。模式标本采自四川与云南交界处（宁蒗县永宁以东）。

高山杜鹃亚组 Subsect. *Lapponica* (I. B. Balf. f) Sleumer

草原杜鹃

Rhododendron telmateium **Balf. f. et W. W. Smith**

主要形态特征：常绿小灌木，分枝细瘦，多而密集常成垫状。叶片披针形、宽椭圆形或长卵圆形，长 3~12mm，宽 1.5~5mm，顶端具硬的小短尖头，上面暗灰绿色，密被重叠的淡金黄色鳞片，下面金黄褐色、淡橙色、棕色或赤褐色，密被重叠的两色鳞片，大多数鳞片淡黄色至赤褐色，混杂有少数至多数暗褐色至近黑褐色鳞片。花序顶生，具 1~2（~3）朵花；萼长 0.5~2（~3）mm，裂片常不等大，被淡色鳞片，具缘毛；花冠宽漏斗状，淡紫色、玫瑰红色至深蓝紫色，并被疏或密的淡色鳞片，雄蕊长度多变，花丝在基部被白色短柔毛；子房被淡黄色鳞片。

生境：生于林缘、杜鹃花灌丛、高山草地或岩坡，海拔 2 700~4 500m。

花期：5~7 月。

分布：产云南西北部、北部及中部，四川西部及西南部；凉山州分布于木里。模式标本采自云南中甸高原山区。

高山杜鹃亚组 **Subsect. *Lapponica* (I. B. Balf. f) Sleumer**

冕宁杜鹃

Rhododendron mianningense Z. J. Zhao

主要形态特征: 常绿小灌木, 树皮黄色, 脱落, 幼枝密被紫色鳞片。叶片革质, 椭圆形, 长 2~3.5cm, 宽 0.5~1.5cm, 上面深绿色, 光亮, 疏被鳞片, 下面黄绿色, 鳞片相互覆盖或稍分开; 叶柄扁平, 密被锈红色鳞片。花序顶生, 有 2 朵花; 花萼长 1.5~1.8cm, 疏生鳞片, 5 裂, 裂片淡黄色, 膜质; 花冠漏斗状, 长约 3.5cm, 筒部长约 2.5cm, 淡黄色; 雄蕊 10 枚, 花丝中部以下有淡黄色微柔毛; 子房密被鳞片, 基部被微柔毛, 花柱基部疏生微毛。

生境: 生于杜鹃花灌丛或岩坡, 海拔 3 200~3 800m。

花期: 5~7 月。

分布: 凉山州分布于冕宁。模式标本采自四川冕宁县拖乌。

高山杜鹃亚组 Subsect. *Lapponica* (I. B. Balf. f) Sleumer

直枝杜鹃

Rhododendron orthocladum Balf. f. et Forrest

主要形态特征：直立灌木，多分枝。叶通常散生于小枝，叶片狭椭圆形、披针形至线状披针形，长 0.5~20 mm，宽 2.5~6mm，顶端急尖或钝，上面绿色或灰绿色，被灰白色而透明的鳞片，下面黄褐色至淡黄褐色，被金黄色至黄褐色邻接或稍有间距的鳞片，并混杂有少数至多数深黄褐色鳞片。化序顶生，伞形，具（1~）2~4（~5）朵花；花萼小，基部被鳞片；花冠漏斗状，长 7~14mm，淡至深紫蓝色或紫色；雄蕊（8~）10（~11）枚，不等长，短于花冠或罕等长，花丝近基部被毛；子房常被淡色鳞片，基部具一狭的短柔毛带。

生境：生于岩坡、松林边缘或灌丛中，海拔 2 500~4 500m。

花期：5~6 月。

分布：产青海东南部、四川西南部、云南北部及西北部；凉山州分布于布拖、昭觉。模式标本采自云南金沙江东北部山区。

亚组 6. 腋花杜鹃亚组 Subsect. *Rhodobotry* (Sleumer) Geng

常绿小灌木。叶两面被鳞片，下面通常呈灰白色。花序生枝顶或上部叶腋，常数个簇生，每花序有 2~5 朵花；花萼小，被鳞片；花冠漏斗状，淡红至紫红色；雄蕊 10枚，花丝至基部密被柔毛；子房 5 室，密被鳞片，花柱洁净。

本组现知 2 种，特产我国；凉山州有 1 种。

腋花杜鹃亚组 Subsect. *Rhodobotry* (Sleumer) Geng

腋花杜鹃

***Rhododendron racemosum* Franch.**

主要形态特征：常绿小灌木，幼枝短而细，被黑褐色腺鳞。叶片揉之有香气，长圆形或长圆状椭圆形，长 1.5~4cm，宽 0.8~1.8cm，上面密生深色小鳞片，下面通常灰白色，密被褐色鳞片，相距不超过其直径也不相邻接。花序腋生枝顶或枝上部叶腋，每一花序有花 2~3 朵；花芽鳞多数覆瓦状排列，于花期仍不落；花萼小，被鳞片；花冠小，宽漏斗状，长 0.9~1.4cm，粉红色或淡紫红色；雄蕊 10 枚，伸出花冠外，花丝基部密被开展的柔毛；子房 5 室，密被鳞片，花柱长于雄蕊，洁净。

生境：生于云南松林、松-栎林下，灌丛草地或冷杉林缘，常为上述植物群落的优势种，海拔 1 500~3 800m。

花期：3~5 月。

分布：产四川西南部、贵州西北部、云南；广布于凉山州各县（市）。模式标本采自云南洱源。

1cm

5mm

1cm

1cm

1cm

1cm

1cm

亚组 7. 糙叶杜鹃亚组 Subsect. *Scabrifolia* Cullen

常绿小灌木。幼枝有柔毛或糙硬毛。叶通常两面或至少上面被毛和鳞片。花序腋生于枝顶；花萼发育有明显裂片或浅杯状无裂片；花冠筒状或漏斗状，白色、粉红色至深红色，外面疏生腺鳞或洁净，通常无毛；雄蕊 8~10 枚，花丝有柔毛或无毛；子房有密鳞片，通常被毛，花柱洁净或有柔毛。蒴果长圆形，长 1cm 左右。种子无翅。

本组共 7 种，特产我国；凉山州有 3 种。

分种检索表

1. 小枝、叶柄除柔毛外，散生硬刚毛；花冠管状 ························· 爆杖花 *R. spinuliferum*
1. 小枝、叶柄仅有柔毛；花冠漏斗状、狭漏斗状。
  2. 成熟叶片下面密被鳞片，相距小于其直径，但不邻接；叶片上面无毛 ·············
  ························· 粉背碎米花 *R. hemitrichotum*
  2. 成熟叶片下面疏被鳞片，相距为其直径的 2~3 倍；叶片上面密被白色短柔毛 ·······
  ························· 柔毛杜鹃 *R. pubescens*

糙叶杜鹃亚组 Subsect. *Scabrifolia* Cullen

粉背碎米花

Rhododendron hemitrichotum Balf. f. et Forrest

主要形态特征：小灌木，幼枝密被白色短柔毛和褐色鳞片。叶薄革质，叶片狭长圆形、狭椭圆形或披针形，长 1.5~3cm，宽 0.5~1.2cm，上面深绿色，密被短柔毛，下面灰白色，密被褐色鳞片；叶柄密被柔毛和鳞片。花序数个腋生枝顶，每花序 2~3 朵花；花芽鳞花后宿存，外面密被鳞片和微柔毛，边缘密生短纤毛；花萼小，浅杯状，密被鳞片；花冠小，漏斗状，0.9~1.3cm，粉红色或紫红色，外面被腺鳞；雄蕊 8 枚，不等长；子房密被鳞片和微柔毛。蒴果长圆形，被鳞片和微柔毛。

生境：生于海拔 2 200~4 000m 的松林或灌丛中。

花期：5~7 月，有时 10~12 月二次开花。

分布：产四川西南部、云南西北部；凉山州分布于木里、盐源。模式标本采于四川木里。

糙叶杜鹃亚组 **Subsect. *Scabrifolia* Cullen**

柔毛杜鹃

Rhododendron pubescens **Balf. f. et Forrest**

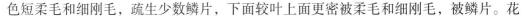

主要形态特征：小灌木，幼枝短而细弱，密被短柔毛和细刚毛，并杂生红色或橘红色凹陷的鳞片。叶片厚革质，狭长圆形或披针形，长约 2.2cm，宽约 6mm，顶端锐尖，具短尖头，边缘反卷，上面密被白色短柔毛和细刚毛，疏生少数鳞片，下面较叶上面更密被柔毛和细刚毛，被鳞片。花序数个腋生于枝顶叶腋；花芽鳞革质，外面密被鳞片和微柔毛，边缘有短睫毛；花序近伞形，有 3~4 朵花；花萼小，外面密被柔毛和鳞片；花冠小，长约 8mm，具短漏斗状的花冠管和开展的裂片，淡红色，裂片长于花冠管，外面被鳞片；雄蕊 8~10 枚；子房 5 室，被鳞片和微柔毛，花柱洁净。

生境：生于海拔 2 700~3 500m 的灌丛中。

花期：3~6 月。

分布：产四川西南部、云南；凉山州分布于木里。模式标本采自四川木里。

糙叶杜鹃亚组 Subsect. *Scabrifolia* Cullen

爆杖花

Rhododendron spinuliferum Franch.

主要形态特征：灌木，幼枝被灰色短柔毛，杂生长刚毛。叶坚纸质，散生，叶片倒卵形、椭圆形或披针形，长 3~10.5cm，宽 1.3~3.8cm，上面黄绿色，有柔毛，中脉、侧脉及网脉在上面凹陷致呈皱纹状，下面密被灰白色柔毛和鳞片。花序腋生枝顶成假顶生；花序伞形，有 2~4 朵花；花梗连同花萼密被灰白色柔毛和鳞片；花萼浅杯状；花冠筒状，两端略狭缩，长 1.5~2.5cm，朱红色、鲜红色或橙红色，上部 5 裂，裂片卵形，直立；雄蕊 10 枚，不等长；子房密被绒毛并覆有鳞片。

生境：生于松林、松-栎林、油杉林或山谷灌木林，海拔 1 900~2 500m。

花期：2~6 月。

分布：产四川西南部，云南西部、中部至东北部；凉山州分布广，常见于西昌、盐源、德昌、会理、会东、普格、金阳、冕宁、雷波。模式标本采自云南通海。

155

亚属 4. 杜鹃亚属
Subg. *Rhododendron*

组 2. 髯花杜鹃组 Sect. *Pogonanthum* G. Don

常绿小灌木，有甜香味。叶小型，下面密被鳞片，因具长短不一的柄而形成数层状。花序顶生，芽鳞边缘常被枝状毛；花梗短；花萼稍两侧对称，明显 5 裂；花冠高脚碟状或漏斗状高脚碟状，白色、粉红色、红色至紫色或黄色，在喉部内面常被一圈明显的髯毛；雄蕊 5~10 枚，不伸出花管；子房小，花柱短，棍棒状，不伸出花管。

本组共有 22 种，我国有 19 种；凉山州有 3 种。

分种检索表

1. 叶缘和叶片表面多少有宿存刚毛 ·························毛叶杜鹃 *R. radendum*
1. 叶片表面无毛或变无毛；成熟叶片表面无毛。

  2. 头状花序 6~10（~20）朵花，花萼小 ···············毛嘴杜鹃 *R. trichostomum*

  2. 头状花序 5~8 朵花，花萼长 3~6mm ···············樱草杜鹃 *R. primuliflorum*

髯花杜鹃组 Sect. *Pogonanthum* G. Don

毛叶杜鹃

***Rhododendron radendum* Fang**

主要形态特征：常绿小灌木，小枝细瘦，幼枝密被鳞片和刚毛。叶革质，长圆状披针形至卵状披针形，长 1~1.8cm，宽 3~6mm，上面被鳞片，沿中脉有刚毛，下面密被淡黄褐色至深褐色具长短不等柄的多层屑状鳞片；叶柄被鳞片和刚毛。花序顶生，密头状，具花 8~10 朵，花芽鳞在花期宿存；花梗短，被鳞片和刚毛；花萼小，外面被鳞片和刚毛，边缘被缘毛；花冠狭管状，长 8~12mm，粉红色至粉紫色，5 裂，外面密被鳞片；雄蕊 5 枚，内藏，花丝光滑；子房卵圆形，长约 1mm，密被淡黄色鳞片，花柱很短，光滑。

生境：生于山地灌丛中或华山松、云南松、高山栎林下，海拔 3 000~4 100m。

花期：5~6 月。

分布：产四川西部及南部南；凉山州分布于木里。模式标本采自四川康定。

2mm

1cm

1cm

髯花杜鹃组 Sect. *Pogonanthum* G. Don

毛嘴杜鹃

Rhododendron trichostomum Franch.

主要形态特征：常绿小灌木，幼枝密被鳞片和小刚毛。叶革质，卵形或卵状长圆形，长 0.8~3.2cm，宽 4~8mm，上面深绿色，有光泽，初被鳞片，后变光滑，下面常淡黄褐色至灰褐色，被重叠成 2~3 层的具长短不齐的有柄鳞片，最下层鳞片金黄色，较其他层色浅。花序顶生，头状，有花 6~10（~20）朵，花芽鳞在花期宿存，花密集；花萼小；花冠狭筒状，白色、粉红色或蔷薇色，外面无鳞片，内面喉部被长柔毛；雄蕊 5 枚，内藏；子房被鳞片，花柱粗而短，光滑。

生境：生于山坡灌丛或针-阔叶混交林下，海拔 3 000~4 400 m。

花期：5~7 月。

分布：产云南西北部、西藏东南部、四川西部、青海南部；凉山州分布于西昌、木里、普格。模式标本采自云南洱源。

樱草杜鹃

Rhododendron primuliflorum **Bur. et Franch.**

主要形态特征：常绿小灌木，茎灰棕色，表皮常薄片状脱落，幼枝密被鳞片和短刚毛。叶革质，芳香，长圆形至卵状长圆形，上面暗绿色，具网脉，下面密被重叠成2~3层，淡黄褐色、黄褐色或灰褐色屑状鳞片。花序顶生，头状，5~8朵花，花芽鳞早落；花萼长3~6mm，外面疏被鳞片；花冠狭筒状漏斗形，长1.2~1.9cm，内面喉部被长柔毛，外面无毛，或有时疏被鳞片；雄蕊5或6枚，内藏于花管，基部有短柔毛或光滑；子房有鳞片或无，花柱粗短，约与子房等长，光滑。

生境：生于山坡灌丛、高山草甸、岩坡或沼泽草甸，海拔3 700~4 100m。

花期：5~6月。

分布：产云南西北部、西藏东南部、四川西部、青海南部；凉山州分布于西昌、木里、普格。模式标本采自四川巴塘。

组 3. 越橘杜鹃组 Sect. *Vireya* H. F. Copeland

常绿灌木或小乔木，附生或地生。花序顶生，单花，或少花至多花成伞形花序；花萼小；花冠短筒状、漏斗状、管状钟形、高脚碟状或喇叭状，筒部短至细长，直或微弯，花冠黄色、橘黄色、白色、淡红至深红色。蒴果果瓣质薄，果开裂后果瓣或多或少扭曲，反卷，胎座下部与蒴果的中轴分离，仅在顶部全生。

本组共约 300 种，主要分布在热带东南亚，向西北扩展至喜马拉雅和向南至澳大利亚北部；Sleumer 根据植株被鳞片和花冠形态等分为 7 亚组，仅类越橘杜鹃亚组 Subsect. *Pseudovireya* 分布中国。

类越橘杜鹃亚组 Subsect. *Pseudovireya* (C. B. Clarke) Sleumer

矮小至中等大小的灌木，附生或地生。幼枝被鳞片和小疣状腺体。叶革质，散生或假轮生，国产种顶端常凹缺，两面被鳞片，或上面光滑，鳞片碟状，全缘或稍不整齐或有不规则的小圆齿，边缘狭窄，中心部分色深，增厚，通常凹陷。花 1~2 朵或数朵，顶生；花冠通常短筒状，稀漏斗状或筒状钟形，裂片直立或开展。

本组共 34 种，有 25 种产亚洲东南部，我国有 8 种；凉山州野外调查到 1 种。

类越橘杜鹃亚组 Subsect. *Pseudovireya* (C. B. Clarke) Sleumer

雷波杜鹃

Rhododendron leiboense Z. J. Zhao

主要形态特征：常绿小灌木，小枝细瘦，幼枝密被鳞片和刚毛。叶革质，长圆状披针形至卵状披针形，长 1~1.8cm，宽 3~6mm，上面被鳞片，沿中脉有刚毛，下面密被淡黄褐色至深褐色具长短不等柄的多层屑状鳞片；叶柄被鳞片和刚毛。花序顶生，密头状，具花 8~10 朵，花芽鳞在花期宿存；花梗短，被鳞片和刚毛；花萼小，外面被鳞片和刚毛，边缘被缘毛；花冠狭管状，长 8~12mm，粉红色至粉紫色，5 裂，外面密被鳞片；雄蕊 5 枚，内藏，花丝光滑；子房卵圆形，长约 1mm，密被淡黄色鳞片，花柱很短，光滑。

生境：生于山地灌丛中或华山松、云南松、高山栎林下，海拔 3 000~4 100m。

花期：5~6 月。

分布：产四川西部及南部南；凉山州分布于木里。模式标本采自四川康定。

参考文献
References

[1] 耿玉英.中国杜鹃花属植物 [M].上海：上海科学技术出版社，2014.

[2] 张乐华，邵慧敏，马永鹏.中国迁地栽培植物志·杜鹃花科 [M].北京：中国林业出版社，2022.

[3] 戴晓勇，邓伦秀，马永鹏，等.贵州杜鹃花科植物 [M].贵阳：贵州科技出版社，2022.

[4] 黄承玲，黄家湧，马永鹏.贵州百里杜鹃：杜鹃属资源图志 [M].北京：中国林业出版社，2016.

[5] 陈训，巫华美.中国贵州杜鹃花 [M].贵阳：贵州科技出版社，2003.

[6] 丁炳扬，金孝锋.杜鹃花属映山红亚属的分类研究 [M].北京：科学出版社，2009.

[7] 李光照.中国广西杜鹃花 [M].上海：上海科学技术出版社，2008.

[8] 中国科学院中国植物志编辑委员会.中国植物志（第五十七卷，第一~三分册)[M].北京：科学出版社，1991—1999.

[9] 李振宇.中国高等植物彩色图鉴：第 6 卷　被子植物：岩梅科-茄科 [M].北京：科学出版社， 2016.

[10] 魏荣平，蔡水花，王飞，等.横断山杜鹃花之四川篇 [M].成都：四川科学技术出版社，2021.

[11] 李仁贵，蔡水花，黄金燕，等.邛崃山系的杜鹃花 [M].成都：四川科学技术出版社，2021.

附录 1　　凉山州杜鹃属植物名录

序号	种名	亚组	组	亚属	备注
1	美容杜鹃（*Rhododendron calophytum* Franch.）	1.云锦杜鹃亚组	1.常绿杜鹃组	1.常绿杜鹃亚属	野外调查
2	尖叶美容杜鹃（*Rhododendron calophytum* var. *openshawianum* (Rehd. et Wils.) Chamb. ex Cullen et Chamb.）	1.云锦杜鹃亚组	1.常绿杜鹃组	1.常绿杜鹃亚属	野外调查
3	大白杜鹃（*Rhododendron decorum* Franch.）	1.云锦杜鹃亚组	1.常绿杜鹃组	1.常绿杜鹃亚属	野外调查
4	小头大白杜鹃（*Rhododendron decorum* subsp. *parvistigmaticum* W. K. Hu）	1.云锦杜鹃亚组	1.常绿杜鹃组	1.常绿杜鹃亚属	野外调查
5	山光杜鹃（*Rhododendron oreodoxa* Franch.）	1.云锦杜鹃亚组	1.常绿杜鹃组	1.常绿杜鹃亚属	野外调查
6	亮叶杜鹃（*Rhododendron vernicosum* Franch.）	1.云锦杜鹃亚组	1.常绿杜鹃组	1.常绿杜鹃亚属	野外调查
7	团叶杜鹃（*Rhododendron orbiculare* Decne.）	1.云锦杜鹃亚组	1.常绿杜鹃组	1.常绿杜鹃亚属	野外调查
8	喇叭杜鹃（*Rhododendron discolor* Franch.）	1.云锦杜鹃亚组	1.常绿杜鹃组	1.常绿杜鹃亚属	野外调查
9	凉山杜鹃（*Rhododendron huanum* Fang）	1.云锦杜鹃亚组	1.常绿杜鹃组	1.常绿杜鹃亚属	野外调查
10	腺果杜鹃（*Rhododendron davidii* Franch.）	1.云锦杜鹃亚组	1.常绿杜鹃组	1.常绿杜鹃亚属	野外调查
11	大王杜鹃（*Rhododendron rex* Lévl.）	2.杯毛杜鹃亚组	1.常绿杜鹃组	1.常绿杜鹃亚属	野外调查
12	黄杯杜鹃（*Rhododendron wardii* W. W. Smith）	3.弯果杜鹃亚组	1.常绿杜鹃组	1.常绿杜鹃亚属	野外调查
13	白碗杜鹃（*Rhododendron souliei* Franch.）	3.弯果杜鹃亚组	1.常绿杜鹃组	1.常绿杜鹃亚属	野外调查
14	芒刺杜鹃（*Rhododendron strigillosum* Franch.）	4.麻花杜鹃亚组	1.常绿杜鹃组	1.常绿杜鹃亚属	野外调查
15	紫斑杜鹃（*Rhododendron strigillosum* var. *monosematum* (Hutch.) T. L. Ming）	4.麻花杜鹃亚组	1.常绿杜鹃组	1.常绿杜鹃亚属	野外调查
16	绒毛杜鹃（*Rhododendron pachytrichum* Franch.）	4.麻花杜鹃亚组	1.常绿杜鹃组	1.常绿杜鹃亚属	野外调查
17	川西杜鹃（*Rhododendron sikangense* Fang）	4.麻花杜鹃亚组	1.常绿杜鹃组	1.常绿杜鹃亚属	野外调查
18	漏斗杜鹃（*Rhododendron dasycladoides* Hand. -Mazz.）	5.漏斗杜鹃亚组	1.常绿杜鹃组	1.常绿杜鹃亚属	模式标本产地

序号	种名	亚组	组	亚属	备注
19	毛枝多变杜鹃（*Rhododendron selense* Franch. subsp. *dasycladum* (Balf. f. et W. W. Smith) D. F. Chamb.)	5. 漏斗杜鹃亚组	1. 常绿杜鹃组	1. 常绿杜鹃亚属	野外调查
20	枯鲁杜鹃（*Rhododendron adenosum* Davidian ）	6. 黏毛杜鹃亚组	1. 常绿杜鹃组	1. 常绿杜鹃亚属	野外调查
21	露珠杜鹃（*Rhododendron irroratum* Franch. ）	7. 露珠杜鹃亚组	1. 常绿杜鹃组	1. 常绿杜鹃亚属	野外调查
22	桃叶杜鹃（*Rhododendron annae* Franch. ）	7. 露珠杜鹃亚组	1. 常绿杜鹃组	1. 常绿杜鹃亚属	野外调查
23	繁花杜鹃（*Rhododendron floribundum* Franch. ）	8. 银叶杜鹃亚组	1. 常绿杜鹃组	1. 常绿杜鹃亚属	野外调查
24	粗脉杜鹃（*Rhododendron coeloneurum* Diels ）	8. 银叶杜鹃亚组	1. 常绿杜鹃组	1. 常绿杜鹃亚属	野外调查
25	海绵杜鹃（*Rhododendron pingianum* Fang ）	8. 银叶杜鹃亚组	1. 常绿杜鹃组	1. 常绿杜鹃亚属	野外调查
26	银叶杜鹃（*Rhododendron argyrophyllum* Franch. ）	8. 银叶杜鹃亚组	1. 常绿杜鹃组	1. 常绿杜鹃亚属	野外调查
27	峨眉银叶杜鹃（*Rhododendron argyrophyllum* subsp. *omeiense* (Rehd. et Wils.) D. F. Chamb.)	8. 银叶杜鹃亚组	1. 常绿杜鹃组	1. 常绿杜鹃亚属	野外调查
28	马缨杜鹃（*Rhododendron delavayi* Franch. ）	9. 树形杜鹃亚组	1. 常绿杜鹃组	1. 常绿杜鹃亚属	野外调查
29	锈红杜鹃（*Rhododendron bureavii* Franch. ）	10. 大理杜鹃亚组	1. 常绿杜鹃组	1. 常绿杜鹃亚属	野外调查
30	大叶金顶杜鹃（*Rhododendron faberi* Hemsl. subsp. *prattii* (Franch.) Chamb.)	10. 大理杜鹃亚组	1. 常绿杜鹃组	1. 常绿杜鹃亚属	野外调查
31	皱皮杜鹃（*Rhododendron wiltonii* Hemsl. et Wils. ）	10. 大理杜鹃亚组	1. 常绿杜鹃组	1. 常绿杜鹃亚属	野外调查
32	雪山杜鹃（*Rhododendron aganniphum* Balf. f. et K. Ward ）	10. 大理杜鹃亚组	1. 常绿杜鹃组	1. 常绿杜鹃亚属	野外调查
33	陇蜀杜鹃（*Rhododendron przewalskii* Maxim. ）	10. 大理杜鹃亚组	1. 常绿杜鹃组	1. 常绿杜鹃亚属	野外调查
34	栎叶杜鹃（*Rhododendron phaeochrysum* Balf. f. et W. W. Smith ）	10. 大理杜鹃亚组	1. 常绿杜鹃组	1. 常绿杜鹃亚属	野外调查
35	乳黄杜鹃（*Rhododendron lacteum* Franch. ）	10. 大理杜鹃亚组	1. 常绿杜鹃组	1. 常绿杜鹃亚属	野外调查
36	宽钟杜鹃（*Rhododendron beesianum* Diels. ）	10. 大理杜鹃亚组	1. 常绿杜鹃组	1. 常绿杜鹃亚属	野外调查

序号	种名	亚组	组	亚属	备注
37	宽叶杜鹃（*Rhododendron sphaeroblastum* Balf. F.）	10. 大理杜鹃亚组	1. 常绿杜鹃组	1. 常绿杜鹃亚属	模式标本产地
38	毛枝棕背杜鹃（*Rhododendron alutaceum* Balf. f. et W. W. Smith var. *iodes* (Balf. f. et Forrest) Chamb.）	10. 大理杜鹃亚组	1. 常绿杜鹃组	1. 常绿杜鹃亚属	模式标本产地
39	米易杜鹃（*Rhododendron miyiense* W. K. Hu）	11. 大理杜鹃亚组	1. 常绿杜鹃组	1. 常绿杜鹃亚属	资料查证
40	卷叶杜鹃（*Rhododendron roxieanum* Forrest）	10. 大理杜鹃亚组	1. 常绿杜鹃组	1. 常绿杜鹃亚属	野外调查
41	白毛粉钟杜鹃（*Rhododendron balfourianum* Diels var. *aganniphoides* Tagg et Forrest）	10. 大理杜鹃亚组	1. 常绿杜鹃组	1. 常绿杜鹃亚属	模式标本产地
42	腺房杜鹃（*Rhododendron adenogynum* Diels）	10. 大理杜鹃亚组	1. 常绿杜鹃组	1. 常绿杜鹃亚属	野外调查
43	裂毛杜鹃（*Rhododendron simulans* (Tagg et Forrest) Chamb.）	10. 大理杜鹃亚组	1. 常绿杜鹃组	1. 常绿杜鹃亚属	模式标本产地
44	优异杜鹃（*Rhododendron mimetes* Tagg et Forrest）	10. 大理杜鹃亚组	1. 常绿杜鹃组	1. 常绿杜鹃亚属	模式标本产地
45	尾叶杜鹃（*Rhododendron urophyllum* Fang）	11. 星毛杜鹃亚组	1. 常绿杜鹃组	1. 常绿杜鹃亚属	野外调查
46	会东杜鹃（*Rhododendron huidongense* T. L. Ming）	11. 星毛杜鹃亚组	1. 常绿杜鹃组	1. 常绿杜鹃亚属	野外调查
47	长蕊杜鹃（*Rhododendron stamineum* Franch.）		1. 长蕊组	2. 长蕊杜鹃亚属	野外调查
48	杜鹃（*Rhododendron simsii* Planch.）		1. 映山红组	3. 映山红亚属	野外调查
49	亮毛杜鹃（*Rhododendron microphyton* Franch.）		1. 映山红组	3. 映山红亚属	野外调查
50	腺苞杜鹃（*Rhododendron adenobracteum* X. F. Gao et Y. L. Peng）		1. 映山红组	3. 映山红亚属	野外调查
51	宝兴杜鹃（*Rhododendron moupinense* Franch.）	1. 川西杜鹃亚组	1. 杜鹃组	4. 杜鹃亚属	野外调查
52	云上杜鹃（*Rhododendron pachypodum* Balf. f. et W. W. Smith）	2. 有鳞大花亚组	1. 杜鹃组	4. 杜鹃亚属	野外调查
53	毛肋杜鹃（*Rhododendron augustinii* Hemsl.）	3. 三花杜鹃亚组	1. 杜鹃组	4. 杜鹃亚属	野外调查
54	凹叶杜鹃（*Rhododendron davidsonianum* Rehd. et Wils.）	3. 三花杜鹃亚组	1. 杜鹃组	4. 杜鹃亚属	野外调查

序号	种名	亚组	组	亚属	备注
55	黄花杜鹃（*Rhododendron lutescens* Franch.）	3. 三花杜鹃亚组	1. 杜鹃组	4. 杜鹃亚属	野外调查
56	问客杜鹃（*Rhododendron ambiguum* Hemsl.）	3. 三花杜鹃亚组	1. 杜鹃组	4. 杜鹃亚属	野外调查
57	云南杜鹃（*Rhododendron yunnanense* Franch.）	3. 三花杜鹃亚组	1. 杜鹃组	4. 杜鹃亚属	野外调查
58	秀雅杜鹃（*Rhododendron concinnum* Hemsl.）	3. 三花杜鹃亚组	1. 杜鹃组	4. 杜鹃亚属	野外调查
59	山育杜鹃（*Rhododendron oreotrephes* W. W. Smith）	3. 三花杜鹃亚组	1. 杜鹃组	4. 杜鹃亚属	野外调查
60	硬叶杜鹃（*Rhododendron tatsienense* Franch.）	3. 三花杜鹃亚组	1. 杜鹃组	4. 杜鹃亚属	野外调查
61	多鳞杜鹃（*Rhododendron polylepis* Franch.）	3. 三花杜鹃亚组	1. 杜鹃组	4. 杜鹃亚属	野外调查
62	锈叶杜鹃（*Rhododendron siderophyllum* Franch.）	3. 三花杜鹃亚组	1. 杜鹃组	4. 杜鹃亚属	野外调查
63	长毛杜鹃（*Rhododendron trichanthum* Rehd.）	3. 三花杜鹃亚组	1. 杜鹃组	4. 杜鹃亚属	野外调查
64	红棕杜鹃（*Rhododendron rubiginosum* Franch.）	4. 亮鳞杜鹃亚组	1. 杜鹃组	4. 杜鹃亚属	野外调查
65	亮鳞杜鹃（*Rhododendron heliolepis* Franch.）	4. 亮鳞杜鹃亚组	1. 杜鹃组	4. 杜鹃亚属	野外调查
66	隐蕊杜鹃（*Rhododendron intricatum* Franch.）	5. 高山杜鹃亚组	1. 杜鹃组	4. 杜鹃亚属	野外调查
67	暗叶杜鹃（*Rhododendron amundsenianum* Hand.-Mazz.）	5. 高山杜鹃亚组	1. 杜鹃组	4. 杜鹃亚属	野外调查
68	木里多色杜鹃（*Rhododendron rupicola* W. W. Smith var. *muliense* (Balf. f. et Forrest) Philipson et M. N. Philipson）	5. 高山杜鹃亚组	1. 杜鹃组	4. 杜鹃亚属	野外调查
69	南方雪层杜鹃（*Rhododendron nivale* Hook. f. subsp. *australe* Philipson et M. N. Philipson）	5. 高山杜鹃亚组	1. 杜鹃组	4. 杜鹃亚属	野外调查
70	粉紫杜鹃（*Rhododendron impeditum* Balf. f. et W. W. Smith）	5. 高山杜鹃亚组	1. 杜鹃组	4. 杜鹃亚属	野外调查
71	永宁杜鹃（*Rhododendron yungningense* Balf. f. ex Hutch.）	5. 高山杜鹃亚组	1. 杜鹃组	4. 杜鹃亚属	野外调查
72	草原杜鹃（*Rhododendron telmateium* Balf. f. et W. W. Smith）	5. 高山杜鹃亚组	1. 杜鹃组	4. 杜鹃亚属	野外调查

序号	种名	亚组	组	亚属	备注
73	冕宁杜鹃（*Rhododendron mianningense* Z. J. Zhao）	5. 高山杜鹃亚组	1. 杜鹃组	4. 杜鹃亚属	野外调查
74	直枝杜鹃（*Rhododendron orthocladum* Balf. f. et Forrest）	5. 高山杜鹃亚组	1. 杜鹃组	4. 杜鹃亚属	野外调查
75	腋花杜鹃（*Rhododendron racemosum* Franch.）	6. 腋花杜鹃亚组	1. 杜鹃组	4. 杜鹃亚属	野外调查
76	粉背碎米花（*Rhododendron hemitrichotum* Balf. f. et Forrest）	7. 糙叶杜鹃亚组	1. 杜鹃组	4. 杜鹃亚属	野外调查
77	柔毛杜鹃（*Rhododendron pubescens* Balf. f. et Forrest）	7. 糙叶杜鹃亚组	1. 杜鹃组	4. 杜鹃亚属	野外调查
78	爆杖花（*Rhododendron spinuliferum* Franch.）	7. 糙叶杜鹃亚组	1. 杜鹃组	4. 杜鹃亚属	野外调查
79	暗紫杜鹃（*Rhododendron atropuniceum* H. P. Yang）		2. 髯花杜鹃组	4. 杜鹃亚属	模式标本产地
80	毛叶杜鹃（*Rhododendron radendum* Fang）		2. 髯花杜鹃组	4. 杜鹃亚属	野外调查
81	毛嘴杜鹃（*Rhododendron trichostomum* Franch.）		2. 髯花杜鹃组	4. 杜鹃亚属	野外调查
82	樱草杜鹃（*Rhododendron primulaeflorum* Bur. et Franch.）		2. 髯花杜鹃组	4. 杜鹃亚属	野外调查
83	雷波杜鹃（*Rhododendron leiboense* Z. J. Zhao）	1. 类越橘杜鹃亚组	3. 越橘杜鹃组	4. 杜鹃亚属	野外调查

附录2　四川省凉山州（普格县现代林业科技示范园）引种栽培杜鹃花名录

序号	亚属	亚组（组）	种名	拉丁学名
1	常绿杜鹃亚属	云锦杜鹃亚组	美容杜鹃	*Rhododendron calophytum* Franch.
2	常绿杜鹃亚属	云锦杜鹃亚组	大白杜鹃	*Rhododendron decorum* Franch.
3	常绿杜鹃亚属	云锦杜鹃亚组	云锦杜鹃	*Rhododendron fortunei* Lindl.
4	常绿杜鹃亚属	云锦杜鹃亚组	亮叶杜鹃	*Rhododendron vernicosum* Franch.
5	常绿杜鹃亚属	云锦杜鹃亚组	山光杜鹃	*Rhododendron oreodoxa* Franch.
6	常绿杜鹃亚属	云锦杜鹃亚组	睡莲叶杜鹃	*Rhododendron nymphaeoides* W. K. Hu
7	常绿杜鹃亚属	云锦杜鹃亚组	越峰杜鹃	*Rhododendron platypodum* Diels var. *yuefengense* (G.Z.Li)Y.Y.Geng
8	常绿杜鹃亚属	云锦杜鹃亚组	腺果杜鹃	*Rhododendron davidii* Franch.
9	常绿杜鹃亚属	大理杜鹃亚组	褐毛杜鹃	*Rhododendron wasonii* Hemsl. et Wils.
10	常绿杜鹃亚属	大理杜鹃亚组	黄毛杜鹃	*Rhododendron rufum* Batalin
11	常绿杜鹃亚属	大理杜鹃亚组	乳黄杜鹃	*Rhododendron lacteum* Franch.
12	常绿杜鹃亚属	大理杜鹃亚组	大叶金顶杜鹃	*Rhododendron faberi* Hemsl. subsp. *prattii* (Franch.) Chamb.
13	常绿杜鹃亚属	大理杜鹃亚组	金顶杜鹃	*Rhododendron faberi* Hemsl.
14	常绿杜鹃亚属	大理杜鹃亚组	绒毛杜鹃	*Rhododendron pachytrichum* Franch.
15	常绿杜鹃亚属	大理杜鹃亚组	陇蜀杜鹃	*Rhododendron przewalskii* Maxim.
16	常绿杜鹃亚属	大理杜鹃亚组	栎叶杜鹃	*Rhododendron phaeochrysum* Balf. f. et W. W. Smith
17	常绿杜鹃亚属	大理杜鹃亚组	锈红杜鹃	*Rhododendron bureavii* Franch.
18	常绿杜鹃亚属	大理杜鹃亚组	丹巴杜鹃	*Rhododendron danbaense* L. C. Hu
19	常绿杜鹃亚属	露珠杜鹃亚组	露珠杜鹃	*Rhododendron irroratum* Franch.
20	常绿杜鹃亚属	露珠杜鹃亚组	迷人杜鹃	*Rhododendron agastum* Balf. f. et W. W. Smith
21	常绿杜鹃亚属	树形杜鹃亚组	马缨杜鹃	*Rhododendron delavayi* Franch.
22	常绿杜鹃亚属	大叶杜鹃亚组	无柄杜鹃	*Rhododendron watsonii* Hemsl. et Wils.
23	常绿杜鹃亚属	弯果杜鹃亚组	白碗杜鹃	*Rhododendron souliei* Franch.
24	常绿杜鹃亚属	弯果杜鹃亚组	黄杯杜鹃	*Rhododendron wardii* W. W. Smith
25	常绿杜鹃亚属	杯毛杜鹃亚组	宽杯杜鹃	*Rhododendron sinofalconeri* Balf. f.
26	常绿杜鹃亚属	杯毛杜鹃亚组	乳黄叶杜鹃	*Rhododendron galactinum* Balf. f. ex Tagg
27	常绿杜鹃亚属	杯毛杜鹃亚组	大王杜鹃	*Rhododendron rex* Lévl.

序号	亚属	亚组（组）	种名	拉丁学名
28	常绿杜鹃亚属	银叶杜鹃亚组	银叶杜鹃	*Rhododendron argyrophyllum* Franch.
29	常绿杜鹃亚属	耳叶杜鹃亚组	耳叶杜鹃	*Rhododendron auriculatum* Hemsl.
30	常绿杜鹃亚属	麻花杜鹃亚组	紫斑杜鹃	*Rhododendron strigillosum* Franch.var. *monosematum* (Hutch.)T.L.Ming
31	常绿杜鹃亚属	星毛杜鹃亚组	尾叶杜鹃	*Rhododendron urophyllum* Fang
32	常绿杜鹃亚属	星毛杜鹃亚组	会东杜鹃	*Rhododendron huidongense* T. L. Ming
33	杜鹃亚属	三花杜鹃亚组	秀雅杜鹃	*Rhododendron concinnum* Hemsl.
34	杜鹃亚属	三花杜鹃亚组	毛肋杜鹃	*Rhododendron augustinii* Hemsl.
35	杜鹃亚属	三花杜鹃亚组	多鳞杜鹃	*Rhododendron polylepis* Franch.
36	杜鹃亚属	三花杜鹃亚组	问客杜鹃	*Rhododendron ambiguum* Hemsl
37	杜鹃亚属	三花杜鹃亚组	黄花杜鹃	*Rhododendron lutescens* Franch.
38	杜鹃亚属	三花杜鹃亚组	凹叶杜鹃	*Rhododendron davidsonianum* Rehd. et Wils.
39	杜鹃亚属	三花杜鹃亚组	云南杜鹃	*Rhododendron yunnanense* Franch.
40	杜鹃亚属	三花杜鹃亚组	紫花杜鹃	*Rhododendron amesiae* Rehd. et Wils.
41	杜鹃亚属	三花杜鹃亚组	三花杜鹃	*Rhododendron triflorum* Hook.f.
42	杜鹃亚属	三花杜鹃亚组	宝兴杜鹃	*Rhododendron moupinense* Franch.
43	杜鹃亚属	三花杜鹃亚组	树生杜鹃	*Rhododendron dendrocharis* Franch.
44	杜鹃亚属	有鳞大花亚组	冕宁杜鹃	*Rhododendron mianningense* Z. J. Zhao
45	杜鹃亚属	有鳞大花亚组	睫毛萼杜鹃	*Rhododendron ciliicalyx* Franch.
46	杜鹃亚属	有鳞大花亚组	树枫杜鹃	*Rhododendron changii* Fang
47	杜鹃亚属	有鳞大花亚组	大喇叭杜鹃	*Rhododendron excellens* Hemsl. et Wils.
48	杜鹃亚属	有鳞大花亚组	百合杜鹃	*Rhododendron liliiflorum* Lévl.
49	杜鹃亚属	有鳞大花亚组	木兰杜鹃	*Rhododendron nuttallii* Booth
50	杜鹃亚属	亮鳞杜鹃亚组	亮鳞杜鹃	*Rhododendron heliolepis* Franch.
51	杜鹃亚属		迎红杜鹃	*Rhododendron mucronulatum* Turcz.
52	长蕊杜鹃亚属	长蕊杜鹃组	长蕊杜鹃	*Rhododendron stamineum* Franch.
53	长蕊杜鹃亚属	长蕊杜鹃组	鹿角杜鹃	*Rhododendron latoucheae* Franch.
54	长蕊杜鹃亚属	长蕊杜鹃组	弯蒴杜鹃	*Rhododendron henryi* Hance
55	长蕊杜鹃亚属	长蕊杜鹃组	多花杜鹃	*Rhododendron cavaleriei* Levl.
56	羊踯躅亚属	羊踯躅亚组	羊踯躅	*Rhododendron molle* (Blume) G. Don
57	杜鹃亚属	糙叶杜鹃亚组	爆杖花	*Rhododendron spinuliferum* Franch.
58	映山红亚属	映山红组	映山红	*Rhododendron simsii* Planch.

中文名称索引

拉丁学名索引